大噴火に備えよ！

桜島に近い現代都市の危機

三田和朗

髙城書房

推薦文

　我々の住んでいる地球の表層は、十数枚のプレートで覆われていることが知られている。まるで１枚１枚のピースが緻密に連結してできあがっているジグソーパズルのように、大陸も海洋底も隙間なく連続しながら、不連続につながり合っている。日本列島は、国土面積では世界の総陸地面積の僅か0.25％を占めるに過ぎないが、その足下では４枚ものプレートがひしめき合っている。太平洋プレート、北米プレート、フィリピン海プレート、ユーラシアプレートは、それぞれ異なった方向へ異なったスピードでせめぎ合い、ぶつかり合っている。我が国は、世界でも有数のプレート運動の活性地帯なのである。

　このような我が国の地殻構造的な特徴は、火山の噴火などの火山活動や巨大な地震を引き起こし、我々の生活にも大きな影響を及ぼしてきた。これらの自然の驚異は、数十年あるいは数百年の単位で定期的に繰り返され、我々日本人に独特の一つの心性を形作ってきた。元来「自然」は「じねん」と呼称され、我々は身の回りにある自然の事物・現象、環境をそのまま受け入れてきた。季節は変わること自体が「自然」であった。春には自ずと桜が咲き、夏には蛍が乱舞し、秋には紅葉が舞い散り、冬になったら雪が降る。植物は大地から芽を出し成長し、花を咲かせ、結実し、そして枯れてゆく。動物は、母親から生まれ、成長し、子どもを産み、そして死んでいく。むし、とり、けもの、くさき、はな、生きとし生けるものはすべからく生々流転していくことも、その有り様、その移り変わり自体がそのまま自然であった。我々は、自然をまさに「自ずから然る」ものとして観て、我々もその一部であるという感覚を養ってきた。豊かな恵みをいただきつつ、時として巨大な自然災害に畏れ怯えつつ、自然とともに生きてきたのである。

明治の時代になり、新しい「自然」の考え方が入ってきた。それは、Nature の訳としての「しぜん」の「自然」であった。これは、「探究」する対象としての「自然」のとらえ方であった。ほぼ時を同じくして、「Science」という考え方もまた、「科学」と訳され入ってきた。Nature の自然は、その探究の方法として科学と深く結びついていることが特徴的である。科学は、実証的な「問い」のもとに、観察や実験などの手続きを通してデータの蓄積を行い、考察を深め、結論をつくっていく一連の営みである。「科学」により、「自然」はまさに探究の対象として再解釈され、新たな可能性を付与されたのである。

　『大噴火に備えよ！　－桜島に近い現代都市の危機－』は、我が国に存在する100を超える活火山の中でもAランクの活性度に分類されている桜島の、近未来の大噴火を想定して緊急出版されたものである。災害列島の我が国において、火山噴火が第一級の自然災害をもたらすものであることは論を待たない。よく富士山の大爆発が話題になるが、「単純に富士山の火口と同じ位置に桜島の火口を重ねてみると、鹿児島市の中心部は、富士山の麓にある青木ケ原よりも火口に近いことがわかります」というくだりは、本書が提起している問題の本質を表している。60万人を超える人口を有する都市が、Aランク火山の僅か数キロ圏内に存在するというこの希有な環境。それは、眼前にそびえる桜島を中心とした圧倒的な景観を我々に与えてくれると同時に、常に大規模災害の危険性もはらんでいる。これは、日本という豊かな自然の恵みとともに大いなる災害を宿命とするこの国の縮図ということもできよう。桜島の未来を考えることは、日本の未来を考えることにもつながる。

　著者は、科学者らしい落ち着いた冷徹な目で論を展開している。まず過去にあった噴火（大正噴火）のデータを中心にして、詳しく分析

を行っている。豊富な写真や図表が載せられており、当時の状況の適切な理解の助けとなる。それから、対応をどうするかである。各家庭において水や食料の備蓄の問題、電気の準備の問題、排泄物処理から医薬品に至るまで、具体的に丁寧に考察がなされている。第一次データの収集が豊富であるため、対応に関する記述は的確である。話はさらに、停電対策から流出土の抑制、河床に堆積した土砂の除去に至る社会基盤の対策にまで及ぶ。膨大なデータと科学的な手続きを経た考察とそこから導出された数々の対策は、信頼性が高く、参考とするに値する充実したデータベースといえよう。

　我々がこの国で長い時間をかけてはぐくんできた自然に対する畏敬の念や共生の思いを継承しつつ、しかしもう一方では自然を探究の対象としてとらえ、科学的に「正しく恐れ」、対策を行っていくことが大切なことである。美しい自然を守り、命を大切にはぐくんでいくためには、自分たちの住んでいるところを知り、不断の対策を怠らないことが肝要なのである。

東京大学大学院教育学研究科特任教授
（元文部科学省初等中等教育局視学官）
日置　光久

まえがき

　鹿児島市の城山展望台に立つと、ビルが立ち並ぶ市街地のすぐ先にきらめく青い海が見え、その向こうには荒々しい山肌の桜島が噴煙を上げて迫っています。北側には新燃岳などの火山群を抱えた霧島、そして鹿児島湾奥の青い海の下には若尊(わかみこ)カルデラ（活火山）が沈んでいます。2011年に新燃岳が噴火した時には、桜島も頻繁に噴煙を上げていました。同時に2つの火山が噴煙を上げている姿は、世界でもあまり見られない風景です。

　桜島には有史以来多数の噴火記録がありますが、特に文明噴火（1471〜1476年）・安永噴火（1779〜1781年）・大正噴火（1914年）は大きな噴火で、多くの被害を出しました。現在の火山灰で覆われた大地は、かつては砂糖キビや葉タバコが栽培される肥沃な地でした。世界一大きな桜島大根や、世界一小さくてかつ甘い桜島小みかんが収穫され、古里地区や黒神地区には温泉が湧き出す宝石のような島でしたが、大正の大噴火でいくつもの集落が溶岩に飲み込まれ、あるいは厚い火山灰に覆われてしまい、豊かな農地と島民の暮らしは一変しました。

　大正噴火では、鹿児島市や桜島で合計58名の方が亡くなっています。数字だけ見ると、2014年に起きた広島の土砂災害（死者75名）や、御嶽山の噴火（死者57名、行方不明者7名）より亡くなった方の数は少ないのですが、この噴火によって桜島では約2100戸の家屋が全壊しました。そのために移転した住民の開拓地での苦労や、噴火後10年も続いた土石流災害や洪水など、その後も島の内外で多くの困難があったことが分かっています。

　一方、大正噴火から100年を経過し、暮らしぶりはずいぶん変わってきました。たとえば桜島の東側20kmに位置する現在の鹿屋市輝北町

では、大正噴火の時に35cm以上の火山灰が降り積もりましたが、降灰で亡くなった人の記録はありません。理由として考えられるのは当時の暮らしぶりです。おそらくはまだ水道がなく、生活に必要な水は自宅か近所の井戸で汲んで家まで運んでいたでしょう。また、農家が多い地域ですから、米などの食料は保管していたでしょう。電気も水道もなく自動車にも頼らない生活は、サバイバル可能な暮らしぶりだったのです。

ところが、21世紀になり、この島に次の大噴火が起きようとしています。もし今、同じことが起きた場合、私たちの生活はどうなるでしょうか。大正の頃とはずいぶん違ったことになってしまいます。まず、30cmも火山灰が降り積もると停電になりそうです。停電になると水道のポンプが動きません。昔あった井戸はすでに不要になって潰されたか、あるいは電気ポンプになっています。いざという時に水を汲めません。水がなければ命にかかわります。どこかで水を汲もうと思っても30cmも降灰があると車が動きません。停電を復旧するにも、車が走れなくては漏電の現場まで行けません。もちろん、この状態では車で避難することも困難です。電気が来ないと冷蔵庫の中のものは腐ってしまいます。それが、近所のスーパーでも起きてしまいます。

いま、大正噴火と同じ規模の降灰が同じ地域にあった場合、多くの方々が生命の危機にさらされると予想されます。これが、60万人を抱える鹿児島市側に降灰があると、さらに悲惨な状況が予想されます。大正噴火の際には鹿児島市の人口はまだ10万人でした。降灰もわずかしかありませんでした。それでも、鹿児島市周辺で29名の方々が地震によるがけ崩れなどで亡くなっています。また、「火山ガスが襲来し死者が出る」といった情報が伝わり、鹿児島市は一時期、空っぽになったといいます。

現在の鹿児島市は、電気・水道・下水・道路・通信網が完備した、

いわば高機能の都市です。その都市のどこかに小さな障害が起これば、たとえばコンピューターがちょっとした不具合ですぐに機能停止するように、都市全体の機能が麻痺してしまいます。内閣府が出した「1914　桜島噴火報告書」（中央防災会議）では、鹿児島市に大正級の噴火があった場合、特に夏場には多量の降灰がある可能性が指摘されました。その時に発生する被害は極めて重大です。現状の対応策のままでは、広島や御嶽山で亡くなった方々の1000倍以上の犠牲者がでてしまう可能性も考えられます。仮に、単純に富士山の火口と同じ位置に桜島の火口を重ねてみると、鹿児島市の中心部は、富士山の麓にある青木ケ原よりも火口に近いことがわかります。

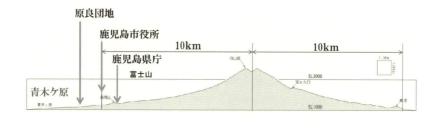

　緊急に防災対策を練って、それを実行できるようにする必要があります。本書は、特に火山灰の危険について、どう対処したらいいのか、その案を記したものです。火山災害は、火山灰のほかに、地震・津波・地盤沈下・火砕流・火山ガスなどが絡み合った複合災害です。本書でそのすべてにふれることはできませんが、少しでも多くの方々に噴火災害とはどのようなものか理解していただければと思います。そして多くの人が知ることで、噴火に対する対策が進み、できるだけ少ない被害で、迫った大噴火を乗り切ることができるよう願ってやみません。

著者

目　　次

推薦文……………………………………………………………………… 1
まえがき…………………………………………………………………… 4

第1章　噴火災害
  1．大正噴火の概要……………………………………………………… 8
    1.1　噴火の規模…………………………………………………… 8
    1.2　住民避難……………………………………………………… 9
    1.3　噴出物による災害…………………………………………… 11
  2．噴火予知……………………………………………………………… 13
    2.1　大正噴火時…………………………………………………… 13
    2.2　噴火予知の誤解……………………………………………… 14
    2.3　噴火予知への期待…………………………………………… 18
  3．災害予測の盲点……………………………………………………… 19
    3.1　社会変化による盲点………………………………………… 19
      3.1.1　車社会…………………………………………………… 20
      3.1.2　車による避難の危険性………………………………… 21
      3.1.3　電化社会………………………………………………… 25
    3.2　降灰方向の盲点……………………………………………… 26
    3.3　降灰範囲の盲点……………………………………………… 32
  4．大噴火時に予測される被害………………………………………… 35
    4.1　交通の被害…………………………………………………… 35
    4.2　電力の被害…………………………………………………… 37
      4.2.1　地震……………………………………………………… 39
      4.2.2　津波……………………………………………………… 47
      4.2.3　山体崩壊………………………………………………… 49
      4.2.4　噴石・火砕流・熱風…………………………………… 53
    4.3　その他の被害………………………………………………… 56
  5．中長期的な被害……………………………………………………… 57
    5.1　情報通信網の麻痺…………………………………………… 58
    5.2　職場通勤の困難……………………………………………… 59

- 5.3 甚大な土砂災害の発生……………………………… *60*
- 5.4 水道施設の盲点…………………………………… *70*
- 6. 復旧の盲点……………………………………………… *76*
  - 6.1 消防………………………………………………… *76*
  - 6.2 警察………………………………………………… *77*
  - 6.3 避難場所…………………………………………… *78*
  - 6.4 デマ………………………………………………… *79*
  - 6.5 農林水産業の被害………………………………… *81*
  - 6.6 復旧のスピード…………………………………… *81*

第2章　対応策案

- 7. 各家庭での準備………………………………………… *84*
  - 7.1 避難準備の基本的な考え方……………………… *86*
    - 7.1.1 早期自主避難………………………………… *86*
    - 7.1.2 レベル4以上の避難………………………… *87*
  - 7.2 各家庭の準備用品………………………………… *100*
    - 7.2.1 保険…………………………………………… *104*
    - 7.2.2 水の備蓄……………………………………… *104*
    - 7.2.3 電気の準備…………………………………… *106*
    - 7.2.4 食料…………………………………………… *108*
    - 7.2.5 排泄物処理…………………………………… *110*
    - 7.2.6 医薬品………………………………………… *110*
    - 7.2.7 地域コミュニティー………………………… *111*
- 8. 降灰除去………………………………………………… *111*
  - 8.1 季節風が強い冬季や台風時の噴火……………… *112*
  - 8.2 風が弱い時の噴火………………………………… *116*
    - 8.2.1 車両の研究…………………………………… *118*
    - 8.2.2 交通規制の見直し…………………………… *119*
    - 8.2.3 土捨て場……………………………………… *122*
    - 8.2.4 降灰除去法の検討…………………………… *124*
    - 8.2.5 船や新幹線での物資運搬…………………… *126*
    - 8.2.6 連携のシミュレーション…………………… *128*
- 9. 社会基盤………………………………………………… *130*

9.1　流出土砂の抑制 …………………………………………… *130*
　　9.2　河床に堆積した土砂の除去 ……………………………… *136*
　　9.3　停電対策 …………………………………………………… *138*

第3章　総合対応
　10.　防災中枢機能の維持 ………………………………………… *152*
　　10.1　職場機能の維持 ………………………………………… *152*
　　10.2　混乱の回避 ……………………………………………… *161*
　11.　避難と社会活動 ……………………………………………… *163*
　　11.1　桜島住民 ………………………………………………… *163*
　　11.2　一般家庭 ………………………………………………… *168*
　　11.3　病院などの施設 ………………………………………… *174*

あとがき ……………………………………………………………… *180*
主な参考資料 ………………………………………………………… *186*

第1章　噴火災害

1．大正噴火の概要

　次に起きる噴火を予測するには、過去にあった噴火の状況を知っておくことが大切です。ここでは、これまでの大噴火についてその状況を見てみます。

　大正噴火の詳細は内閣府の「1914　桜島噴火報告書」（中央防災会議）に記載されています。これは内閣府のホームページで見ることができます。

1.1　噴火の規模

　1914年（大正3年）1月12日に始まった桜島の噴火は、日本では20世紀最大の噴火です。桜島の5つの集落が溶岩流に埋めつくされ、火山灰と軽石は大隅半島に厚く降り積もりました。この時の火山灰と溶岩の量は2㎦になります。これは1990年から雲仙普賢岳で始まった噴火の約10倍で、富士山の宝永噴火（1707年）を上回る量です。

　この時の溶岩は、図1.1に1914と示してある濃い灰色の部分に流れました。多量の軽石が降り積もり、大隅半島では広い範囲で30cm以上に達し、桜島では1m以上の厚さに達した集落もあります。

　図1.2は、噴火直後の貴重な写真です。下のほうに小さな汽船が見えます。巨大な噴煙が上がる桜島に向かう汽船の乗組員は、恐怖を感じながらも決死の覚悟で島民の救出に臨んだことでしょう。

　大正噴火に関する記録には噴煙の高さは8,000mと記されていますが、同じタイプの噴火で20世紀最大とされるフィリピンのピナツボ火山の大噴火（1991年、噴出量：約10㎦）では、噴煙の高度は34kmでした。また、大正噴火の約半分の噴出量であったアメリカ・ワシントン州のセント・ヘレンズ山（1980年、噴出量：約1㎦）の噴火は高度30kmです。これらと比べて、桜島の8,000mは低すぎます。京都大学火山活動研究センターの井口正人教授は、桜島の場合も噴火のピー

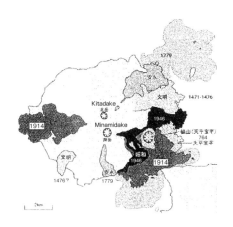

図1.1 溶岩流などの分布
出典：小林・溜池，2002

図1.2 救援に向かう汽船
噴火約1時間後
出典：鹿児島県立博物館

ク時には高度20kmぐらいはあっただろうと想定されていると教えてくださいました。桜島の大正噴火は、世界的に見ても20世紀の噴火では比較的大きな噴火でした。

1.2 住民避難

　1914年当時の桜島の人口は約21,000人です。現在の5,300人（平成22年）より、ずいぶん多くの人が住んでいました。噴火の前兆現象としては、1913年（大正2年）12月下旬に井戸水の水位が変化、火山ガスによる中毒が原因と考えられる死者が出るなどの異変が起きました。また12月24日には、桜島東側海域の生簀で魚やエビの大量死があり、海水温が上昇しているという指摘もありました。翌1914年1月に入ると桜島東北部で地面の温度が上昇し、冬期にもかかわらずヘビ、カエル、トカゲなどが活動している様子が目撃されています（桜島 - 噴火と災害の歴史、石川秀雄、共立出版、p.182）。

　安永噴火（1779～1781年）の際にも噴火前日から前兆現象があり、井戸水の沸騰や湧水の出現、海水の変色など様々な現象が認められて

いましたので、先祖からの聞き伝えから、噴火が近いことを察した人も少なくなかったでしょう。大正噴火では噴火5日前（7日）の夕方から小さな有感地震があり、2日前（10日）には早くも一部の住民が子供を対岸の大隅半島に避難させています。

　地震は10日夜から強くなり、11日早朝には不安を感じた東桜島の村長らが測候所に電話をしています。しかし測候所からは「桜島は大丈夫」との返答。村長は午後にも電話をしましたが、その返答は噴火当日の12日朝に至るまで「桜島は大丈夫」というものでした。それを聞いた東桜島村長は、住民の避難を制止しようとします。その結果、噴火直前まで東桜島にとどまっていた住民は、降り注ぐ軽石や火山灰の中での避難となり、冬の海を泳いで避難しようとした方々を中心に死者・行方不明者25名の犠牲者を出してしまいました。

　図1.3をご覧ください。噴火は12日の10時に始まっていますが、すでにその1日以上前から住民は自主避難を始めています。このため噴火後に、測候所の対応について厳しい批判もありました。しかしながら当時、井戸の異変状況さえも伝わらない限られた情報環境と、1台し

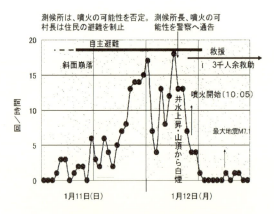

図1.3　有感地震の発生回数と避難などの関係
出典：桜島噴火報告書,内閣府,1914,p.38

かない旧式の地震計では、このような大噴火を予知するのは非常に難しいことでした。そして今日でも、噴火予知という点では当時とさほど変わらない状況にあるのです。この点は重要ですので、後述します。

1.3 噴出物による災害

　大正噴火によって50cm以上の火山灰・礫が降り積もった地域では、初期の噴出物のほとんどが軽石だったことが分かっています。噴火当日の12日午前10時10分頃、爆発と同時に人頭大〜拳大の軽石が降下し、12日は夜まで降り続きました。翌13日午前になってようやく軽石の降下は止んでいます。

　軽石の降下が止んだ後は、火山灰と火山砂（大粒の火山灰）が降り始め、15、16日の両日に最も激しく降り、その後も降灰が続いています。降灰量は桜島の周囲では7〜8割が軽石でした。桜島から40km離れた志布志でも10cm程度堆積しましたが、その50〜75％が軽石です。

　桜島に近い垂水市軽砂から海潟にかけて、また牛根麓、辺田、境方面の海は、海岸から数kmの沖合まで、見渡す限り軽石に閉ざされま

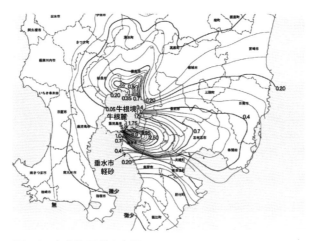

図1.4　火山降灰礫分布図　　出典：金井,1920より作成（単位:尺）

した。この軽石層の厚さは、浅いところでは10cm内外でしたが、吹きだまりの厚いところでは1mに達しています。

　軽石の状況は、図1.5を見ると少し想像がつきます。この写真の撮影箇所は海ではありませんが、50cmを超える大きさの軽石が散乱しています。桜島町黒神では、大正噴火の際に、海に堆積した軽石の上を歩いて対岸の垂水側に逃げた方もあるとの一文を拝見したことがあります。図1.5のように厚く軽石が堆積し、風向きや潮の条件がよければ、海の上を歩いて逃げることも可能な場所と時があったと想像されます。

　話が前後しましたが、図1.4は、大正噴火の記録を100周年事業でまとめる際に見つかったもので、鹿児島高等農林学校の金井眞澄助教授が作成した資料です。噴火直後に調査した記録ですから、非常に貴重です。

　降り積もった火山灰（これ以後は、火山灰と礫を合わせて火山灰と呼びます）は、日にちが経過するにしたがい、雨に流されたり、重みで圧縮されたりします。昭和後期になって綿密な地質調査が実施されていますが、大雑把に言うと、この段階では火山灰の厚さは半分ぐらいになっていると見た方がよいと、この分野の研究者は話しておられるそうです。

　集落に多量の降灰があった写真として、桜島島外の牛根で撮影された図1.6を示しました。この写真では、家は潰れていません。多量の

図1.5　軽石による惨状（横山小池）
出典：九州鉄道管理局編,1914

図1.6　牛根村の降灰状況
出典：鹿児島県立博物館,1988

降灰の主なものは軽石なので、わら葺き屋根の上を転げ落ちたものと想像されます。中央の家だけは屋根のてっぺんが少し曲がっているようにも見えますが、写真に写っている範囲では、他の家の屋根には変形がなく綺麗です。また、人が通った道がずいぶんくっきり見えます。これだけの降灰があっても、この集落では相当数の人々が暮らしていたのでしょう。

　一方、桜島島内では、噴火の際には降灰だけでなく、火山灰や火山ガスなどが混じり合った数百度以上の高温の流れ、つまり火砕流が起こり、それが桜島に生えた植物を焼いています。噴石も降ったかもしれませんが、島内に人が残っていなかったので記録にもほとんど残っていません。

2．噴火予知

2.1　大正噴火時

　大正3年の大噴火では、測候所が桜島の噴火を予想できませんでした。図2.1に引用したように、噴火前日からの地震は島民が不安を感

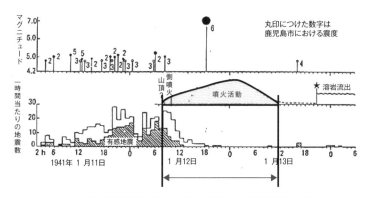

図2.1　大正噴火時の地震活動と噴火　（参考資料）以下
出典：消防博物館HP，2013より作成

じて自主避難するほど発生回数が多かったのですが、測候所が震源を桜島だと考えたのは噴火当日になってからでした。今では、3台の地震計があれば、震源から地震計に伝わる地震波の時間差によって震源を特定できます。ところが、当時は旧式の地震計が1台しかなく、震源地を特定することはできませんでした。地震計以外の揺れの情報が測候所に入るまで、測候所は揺れの原因が桜島だとは分からなかったのです。

2.2 噴火予知の誤解

　1988年、桜島の住民を対象に噴火予知の信頼度がアンケート調査されました。調査したのは、東京大学新聞研究所の廣井脩先生です。桜島町で659人、東桜島地区で268人が回答しています。このアンケートでは図2.2に示したように、噴火を「非常に正確に予知できる」と、「かなり正確に予知できる」の合計で約6割を占めています。これが桜島に住み、桜島の噴火が自分たちの生活と命に直結している方々のアンケート結果です。現代では、大正噴火時と異なり、噴火予知がかなり正確にできると考えている人が多いのです。

　京都大学火山活動研究センターなどでは、桜島の噴火予知に向けていろいろな観測機器が設置され、常時観測が行われています。現在、噴火前にマグマの貫入による圧力でマグマ周囲の岩盤が破壊されて起きるA型地震と、地盤の隆起やマグマの圧力増加により発生する高周波のBH型地震、低周波のBL型地震などが区別され、大正時代とは比較にならないほどマグマと噴火との関係が詳しく分かってきています。

　ところが、実際の噴火予知は非常に難しいのです。少なくとも数日前には噴火が分かっていないと、避難準備も十分にできません。通常の桜島の噴火で、噴火が予知されたとテレビなどで報道されるのは、噴火の1時間前からせいぜい数時間前に兆候を把握したケースです。

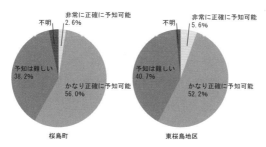

図2.2　桜島噴火アンケート調査（参考資料）
出典：廣井,月刊消防,1988.11, p.131

　直前に噴火することが分かっても、それから避難勧告を出す検討をしているととても間に合いません。ましてや、病人や弱者が避難する際には、もっと時間が必要です。噴火数時間前に兆候をつかんでも、それは噴火予知とは言い難いのです。
　噴火予知というからには、住民や関係機関が十分な対応を取れる時期に、①何時、②どこで、③どの程度の規模で、④どのような噴火経過をたどるか、まで教えてほしいとの思いがありますが、現代の精密な観測機器と研究成果でも分からないのです。
　現代なら、「1ヵ月後には大噴火があるかもしれない危険な段階に達している」というような予測ができる可能性も少しあるかもしれませんが、実際に噴火するのが何日なのかまでは分からないのです。まして噴火時刻などは、直前でも正確な予測は簡単ではありません。地盤傾斜計は通常の噴火前に数時間単位で噴火を予測できますが、その変動や地震が観測された段階では、すでに地中では噴火が始まっていると言える状況でしょう。
　噴火がどこで起きるかも事前にはなかなか分かりません。大正噴火も、安永噴火も、その前の文明噴火も桜島の山腹からの噴火です。さらに付け加えますと、安永噴火では海底に溶岩が噴出していますから、噴火が桜島の島内とは限らず、海にだって火口ができる可能性も

考えられるのです。どこに火口ができるかを事前に予測することも、非常に難しいのが現状です。

　噴火の規模や噴火タイプが事前に分かっていれば、非常に有益です。しかしマグマが桜島の直下に蓄積されていることが確実に分かっていても、そのうちどの程度が噴火するのか、最終的にどうなるのか、予想することは難しいでしょう。地上に出る量が少なければ昭和噴火レベル（2億㎥）で収まりますし、大正噴火のように20億㎥のマグマを消費し、約1ヵ月かけて噴火活動が終息するケースも考えられます。安永噴火のように活動が1年半におよぶケースや、文明噴火のように休止をはさみながら5年間にもわたって噴火が継続したケースもありますので、次の噴火がどのような経過をたどるか、予測できないのが現状でしょう。

　京都大学の井口教授から、噴火時の避難目安について、図2.4の表を頂戴しました。その中で先生が説明された避難開始の時期は、「噴火レベル4または5」で「噴火開始」の「1日前」です。この「1日

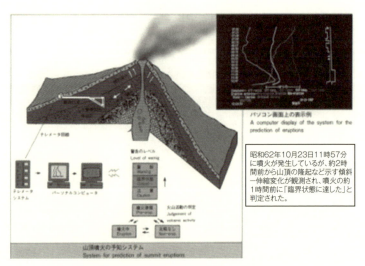

図2.3　桜島山頂噴火の予知システム　　出典：火山活動研究センターHP,2014.11

前」というのは、大正噴火ではすでに桜島住民の自主避難が始まった時期と一緒です（図1.3参照）。

いろいろな観測の進展によりもっと早い段階で「噴火警戒レベル4または5」が判定される可能性もあるのですが、地震予知に過剰な期待を持たないように、「1日前」に避難開始という表を作成されたと理解しています。ここに、「大正噴火時に有感地震を感じて桜島住民が自主避難した噴火1日前と同じ時期にしか避難開始の時期を明確に打ち出せないかもしれない予知の難しさ」が想像されます。

井口先生は、避難開始の1ヵ月前の「顕著な地盤変動」が観測された時の防災対応の準備が極めて重要であると話されました。大正噴火時には、前兆現象を総合的に把握できませんでしたが、平成の今日では、桜島に掘られたトンネル内に設置された地盤傾斜計などから「顕著な地盤変動」が観測されるはずです。この点は、大正の頃よりずいぶん観測が進み、噴火の前兆を把握できる状態となっています。た

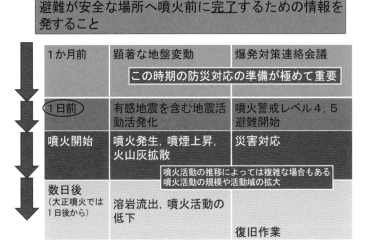

図2.4　火山噴火への対応策　　出典：京都大学火山活動研究センター

だ、いつ噴火するのかを予知することは依然として難しく、2015年8月15日に出された「噴火警戒レベル4」の例に見るように、「顕著な地盤変動と火山性地震」があっても噴火しないこともあります。

警戒・避難情報の出し方について、受け取る側も知っておいた方がよいことがあります。それは、避難対象となる地域の大小によって避難指示の出し方に違いが出るということです。少人数の避難なら、避難指示を出すことに大きな躊躇はありません。数戸程度であれば、たとえ空振りになる可能性が高くても、避難指示は出せるでしょうし、数戸の方々の避難が社会を混乱させることもないでしょう。

しかし60万人都市の場合は、住民生活や産業・経済に非常に大きな影響が考えられます。「身を守るために、空振りになるかもしれませんが早めに避難しましょう」という言葉は、鹿児島市全体には使うことができないのです。60万人都市の鹿児島市に避難指示を出すには、非常に大きな決断と、それを支える明確な根拠が必要になります。同じことは、湾北部の姶良市や霧島市でも言えるでしょう。人口が2万人台の垂水市でも、養殖業者への影響や住民生活・農業従事者などを考慮すると、やはり避難指示に慎重さが求められることは言うまでもありません。避難指示を出すタイミングは実に難しい問題なのです。

2.3 噴火予知への期待

火山の噴火予知は、大正時代から大きく進歩し、地震や地盤の動きのほかにも多くの手法で観測されています。その中で現在、ミュー粒子を用いた「ミューオグラフィー」という研究が注目されています。図2.5は、薩摩硫黄島（鹿児島県薩南諸島）のミューオグラフィーの測定結果です。ミュー粒子と呼ばれる宇宙線の一種は、厚さ10km程度までの山体を通り抜けるので、ミュー粒子を使ってレントゲン写真のように内部を撮ることができます。薩摩硫黄島の場合は、マグマの位置と形が手に取るように分かりました。マグマに含まれるガスの量

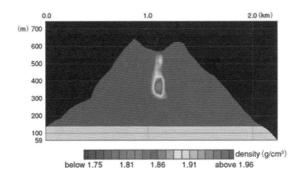

図2.5　薩摩硫黄島でのミュー粒子観測結　出典：田中,2014

で火山噴火のしかたは大きく変化するので、ガスの量も測定できるこの方法は、噴火を予知する手段として有効と考えられます。現在この研究を行っているのは、東京大学地震研究所の田中宏幸特任助教ですが、2015年には桜島でも観測が行われることになりました。京都大学や鹿児島大学、そして気象庁や国土交通省などといった多くの機関の研究と併せて、噴火予知の研究がますます進歩してほしいと思います。それは、桜島周辺地域の人々の切実な願いです。

3．災害予測の盲点

3.1　社会変化による盲点

　大正噴火の時には、桜島の山頂から約20km東側に位置する肝属郡百引村（現在の鹿屋市輝北町）の上百引で45cm、下百引では36cmの火山灰と軽石が降り積もりました。噴火（1月12日）が起きた後の2月4日に、百引村の救援所にいた人数は41名ですが、ここで驚くのは、百引村では噴火で亡くなった方がいないことです。

　百引村のように多量の火山灰が降ってきた場合、現在だとどのようなことが起きるでしょうか。図3.1の内閣府の資料を参考に、様々な

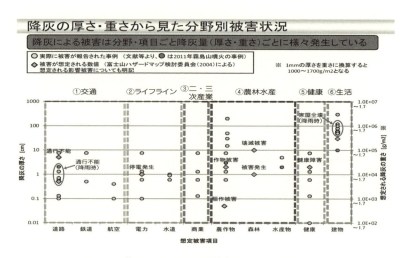

図3.1　降灰による分野別被害　出典：内閣府,2001

場面を想像してみましょう。

3.1.1　車社会

　まず交通について見てみると、道路は降灰量10cm未満で通行不能となりそうです。四輪駆動車は通れるかもしれませんが、一般の車両は通行困難です。図3.2は、南米チリのプジェウエ＝コルドン・カウジェ火山が2011年に噴火した後の、森林地帯の道路の状況です。軽石が堆積した道路では、なんとか四輪駆動車が通行していますが、轍が深くなり、車が走れるぎりぎりの状態です。降灰量が30〜40cmあれば、四輪駆動車でも通行が困難な場合が多いでしょう。30〜40cmの降灰があると、停電になっても復旧車両が現場に到着できません。ですからいつまでたっても電気は来ないのです。台風や大雨による停電は1日程度で回復することが多いのですが、降灰の場合はこの点が大きく異なります。

　もし停電が続くとどうでしょう。公共の水道は10時間程度の自家発電が可能ですが、それを過ぎると断水してしまいます（2014年現在）。

図3.2 チリ＝アルゼンチンの国境付近。軽石が積もった道路の状況
出典：宇宙から見た地球の出来事
http://www.imart.co.jp/earth-dekigotop2.html

井戸がある家や施設であっても、停電になると電気ポンプでは水を汲むことができません。また、自宅だけでなくスーパーなどの冷蔵庫の中のものも腐ってしまいます。

さらに困ったことに、地震や津波災害の場合には自衛隊やレスキュー部隊など応援部隊が駆け付けてくれるのですが、大規模火山災害には困難になる場合があります。火山灰が厚く積もると、車が通れなくなるからです。これが車社会の盲点です。

3.1.2 車による避難の危険性

さらに深刻なのは、住民の避難の問題です。アンケート調査によると、噴火警報が出たら「車で避難する」という方々が、現状では圧倒的に多いのです。生命の危険がある地域から安全な場所に移動する際に車を使うのは、当然のことでしょう。東日本大震災で津波が来た時も、福島の原発事故の時にも、車が利用されました。

ところが都市の避難では、これが深刻な事態を招く場合があるのです。通常でも、鹿児島市では朝夕の渋滞があります。それが、警報が出た段階で勤務先から自宅に戻り、家族を連れて避難しようとすると、鹿児島市周辺の道路は大渋滞になってしまいます。特に交差点や橋、トンネルの入り口などは大渋滞が予想されます。

　もし噴火１日前に「避難開始」の警報が出たとしても、勤務先から自宅に帰り、避難準備をして車で出かける頃には、すでに半日ぐらい経過しているでしょう。その時、桜島上空の風が東から西に吹いていると、鹿児島市内にある車両の上には多量の降灰（軽石）が降り積もることになります。また、それが道路に降り積もると、車は走れなくなります。どの程度の降灰量で車が通行不能になるか予想することは難しいのですが、図3.1を見ると、降灰の厚さが10cmに届かないところで「通行不能」と記されています。さらに降雨時には、１cmに満たない量でも通行不能となっています。

　また、ひと言で降灰といっても様々な形状があります。軽石や、北海道の有珠山のように細粒の火山灰が降る場合もあり、被害予測は単純にはできません。それだけでなく、この100年間に人口密集地に大正噴火程の多量の降灰があった前例が世界中探してもないため、判断する根拠がないのが現状です。したがって、これまで桜島の多量降灰では軽石が多かったことから、現時点では降灰の厚さ10cmで通行不能と考えることにしておきましょう。ただし、大噴火の時には激しい上昇気流が起こり、降灰とともに雨が降ってきます。雨が火山灰と混じると通行はさらに困難になりますので、図3.1で見た「降雨時」の１cm未満という数字も頭に入れておく必要があります。

　そして、車による避難が危険である最も大きな理由に大渋滞があります。多量（50cm以上）の降灰が予測される地域では、噴火初期に10cm積もるのに数時間もかからないでしょう。ということは避難の途中で大渋滞に巻き込まれる恐れが十分にあり、その間に、さらに車

の上や道路に多量の火山灰が降り積もり、動けなくなることが考えられます。ここで注意しなければならないのが道路の特性です。当たり前と言えばあまりにも当たり前なのですが、1台の車両が通行できなくなると、その後に続く車両も走れなくなることです。特に甲突川沿いの国道3号は、市街地から遠くないところで片側1車線になります。1台の車両が何らかのトラブルで通行できなくなると、その後に続く車両はすべて走行に支障が生じます。こうして鹿児島市周辺の道路、特に郊外に避難する主要な道路〔国道3号、国道10号、国道225号、および主要県道〕は、駐車場のような状態になるものと考えられます。このことが、復旧には非常に大きな障害になります（従来の交通規制状況から推測すると、高速道路は早い段階で通行規制のため通行できません）。

　このような状況を解決するために、2014年11月14日に、災害緊急車両の通行に障害となる放置車両を移動できる法律（災害対策基本法の一部を改正する法律）が成立しました。放置車両を動かす際に「やむを得ない限度で」破損させることを認め、損失の補償も定めたもので、国などは災害時に区間を指定し、持ち主と連絡が取れない放置車両を撤去することができるようになりました。

　ただ、この法律は、主に地震や風水害および大雪を想定したもので、大規模な都市で多量降灰があった場合には、この法律があっても緊急車両は通行できません。なぜでしょう。

　まず、緊急車両自体が、10cmを超え50cm、場合によっては100cmの降灰がある道路を通行できません。もしも30cm以上の降灰が中心部から15km以上も離れた場所にも降り積もったとすると、その間の道路を車両が通行できるように清掃し復旧することは、数日では困難です。

　実際には、これだけの降灰があると、除去した降灰を運搬するトラックも通行できません。ブルドーザーであっても、道路に放置車両

が連なっていたのでは通行できません。放置車両を撤去するにしても、台数が多くなると、甲突川沿いの国道3号や錦江湾周辺の国道10号の両脇は崖や海や川のところが多く、撤去した車を持っていける土地がありません。結局、桜島大噴火に伴う都市への多量降灰については、新しい法律もその力を発揮できそうにないのです。

　道路が通れないと、降灰除去に活躍するはずのブルドーザーやショベルカーやトラックに燃料を運ぶことができません。タンクローリーも道路を通れないのです。海上ルートはタンカーなら通れる可能性がありますが、港からガソリンスタンドや自家発電設備がある地点まで運ぶ手段がないのです。燃料がないと、停電対策として用意されていた公共の自家発電施設も動かなくなります。燃料がないだけで、電気・水道・放送局・携帯電話などがストップします。病院や老人施設の自家発電設備もストップします。冷蔵庫も使えません。ほかにも多くの企業や施設や人が困ります。

　もちろん、救援部隊も到着できません。水や食料の供給も絶たれるのです。小規模な孤立集落であればヘリコプターで救援物質を運搬することも考えられますが、60万人では人数が多すぎて困難です。ましてや降灰がその後も続いていると、ヘリコプターや飛行機の運航にも支障がでます。救援物質が届かないうえに電気もストップし水道も出ないとなると、急速に生命の存続が危ぶまれる状況になります。

　このような状況を回避するには、非常に乱暴で、本来は選択したくないのですが、放置車両を撤去せずに戦車や重機で踏みつぶすしか方法はありません。戦車は、重量が44〜50t（90式戦車）もあるので、乗用車をペチャンコにできます。重量があると橋を通れるか懸念されますが、全国の主要国道17,920ヵ所のうち65%の橋は50tの車両が通行できます。軽量化した44tの車両ならば84%可能になります。ただ道路の欠点として、この重さに耐えられない橋が一つでもあると、その道路はそこから先には行けません。予防対策として、この点の確認

や補強対策も今から重要でしょう。

　このように救援に時間がかかっていると、鹿児島市内に多い団地や市内中心部では数万人〜十万人以上の死亡者が出てしまうことになりそうです。救援物質や水の搬送を遅くとも72時間以内には完了させなければなりません。放置車両を踏みつぶすにしても、車内に人がいるかもしれません。その確認までいれると、救援が遅れるのは明らかです。車の持ち主を探し、連絡を取って処置する時間的な猶予はありません。この危機感が、現在、国にも地方にもあまりないのです。

3.1.3　電化社会

　まえがきと3.1にも書きましたが、大正噴火の時に百引村で亡くなった方がいない理由は次のように考えられます。噴火が起きた大正時代、肝属郡百引村では、水道はまだ普及していなかったでしょう。1950年でも全国の水道普及率は26％にすぎません。水道が地方で普及しはじめたのは昭和30年以降です。当時は各家庭の台所に水瓶がありました。自宅や近所の井戸から釣瓶で汲みあげた水をバケツに入れて、竿の前後に吊るして肩に担いだり、手に持ったりして家まで運ぶのが子供たちの日課でした。厚い降灰に見舞われても、自宅や近所に井戸があり、そこから水を得ることができたのです。当時、水を汲む時に電動ポンプは使用していませんでしたから、停電になっても差し支えなかったでしょう。

　大正時代に活躍していた井戸の大部分は、その後の水道の普及により必要ではなくなりました。そのため、潰されて使用されなくなっています。生き残っている井戸でも、大方は釣瓶でもなく手押しポンプでもなく電動ポンプで水を汲みあげるため、便利になった反面、停電の時には全く役に立たなくなりました。

　つまり、大正噴火時の「肝属郡百引村」には、近所に水を汲める井戸があったのです。水を汲むのに電気もいらなければ、水を運ぶのに自動車も使わなかったのです。また、当時の農家であれば、米などの

備蓄穀物があったでしょう。電気は生命維持のための必需品ではなかったし、テレビやラジオも必需品ではなかったのです。結局、大正時代の「肝属郡百引村」の住民は、現代で言えばサバイバル住宅に住み、地方の一般的な傾向として互助組織が機能していたために、大噴火により甚大な被害を受けても犠牲者が出なかったのでしょう。ですから、大正噴火時の犠牲者数を参考に、ハイテク化した現代の犠牲者数を見込むことはできません。社会は進歩したのに、逆に犠牲者数は過去の数値と比較できないほど増える可能性があります。

それらの被害は、人的なもののみならず、農林畜産業や商工業など全産業におよびます。大正噴火時には何とかしのげたとしても、同じことが今日起きた場合は、IT化された機器やシステムが破綻し、緻密化した全産業が大きな痛手を受けてしまいかねません。

3.2 降灰方向の盲点

大正噴火の時の降灰量を図1.4（金井,1920）に示しました。ところが、この金井氏の図を東西方向で逆にした先生がおられます（図3.3）。初めてこの図を見せられた時には驚いてしまいました。このような事態が起きる可能性を、ほとんど誰も考えていませんでした。

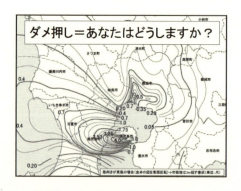

図3.3　逆方向の降灰場合　作成：鹿児島大学I名誉教授

なぜなら、歴史時代にあった過去4回の桜島の大噴火時の灰は、図3.4に示したようにすべて大隅半島側に降ったからです。日本の上空では、地表近くの風向きに関係なく、偏西風が吹いていることが多いので、大噴火時の火山灰は火山の東側に降ることが一般的だからです。

しかし図3.5に示したように、北岳ができる頃（約1万3千年前）の大噴火では、桜島の西側にも軽石が降り注いでいます。過去の大噴火でも、薩摩半島側に多量の火山灰が降り積もったことがあったのです。ただ、この時の噴火は大正噴火とは比べものにならないぐらい大きかったので、参考にならないとの意見もあります。高い噴出圧力が長時間続けば、噴煙は風上側にも進むからです。

それでは、どのくらいの確率で薩摩半島側にも降灰があると考えられるのでしょうか。鹿児島地方気象台の担当者が丁寧に教えてくださ

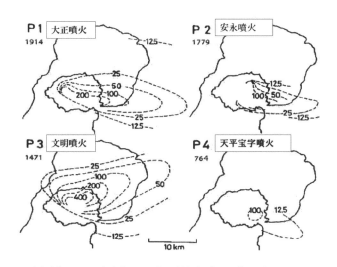

歴史時代の4回の大噴火による降灰地域（出典：小林2002）

図3.4　歴史時代の4回の大噴火における降灰地域　　出典：小林,2002

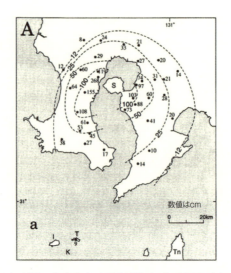

図3.5 北岳ができる頃の大噴火（1.3万年前）による軽石分布　出典：小林,2002

いました。大正級の大噴火があった場合、薩摩半島側に多量の降灰がある状況として、次の4つが考えられるということです。

①太平洋高気圧が優勢な時季

この時季は7月中旬から9月初旬にあたります。太平洋高気圧が優勢な時は、北緯30度付近では、偏西風とは逆向きの東からの風が吹きます。したがって、この時季に噴火があると、火山灰は薩摩半島側に降ります。ちょうど鹿児島市民が、灰が降る季節と考えている頃です。（高層の偏西風も、真夏の鹿児島では吹いていません。）

②台風が南方海上にある時

台風が鹿児島の南方海上にあると、鹿児島市内にはドカ灰が降ります。桜島から出た噴煙柱は横にたなびいて、暗い灰色の雲となって薩摩半島側に降りかかります。鹿児島市内でも薄暗くなり、灰が降る音がシャーシャーと聞こえることもあります。

図3.6をご覧ください。鹿児島県の市来（いちき串木野市）には上

空の風を観測できる施設（ウィンドプロファイラ）があり、気象庁のホームページに市来で観測された台風と上空の風の関係が示されています。これを見ると、台風が市来の南側にある時間帯（7時から10時頃まで）は、観測できた上空9kmまで含めて、すべて南東から強風が吹いています。

　図3.6では、台風が市来のすぐ近くを通過していますが、台風が数百km南方にある時も同じように西向きの風が吹きます。南南東や南東に台風がある場合も同じようなものだそうです。この原稿を書いている2014年11月初旬に、台風20号（最低中心気圧910hPa，11月3日時点）が鹿児島の南東およそ1000kmの海上を通過しました。その時は4日から6日（中心気圧970hPa）まで、薩摩半島側に降灰がありました。台風がはるか南方にあれば、それが11月であっても、薩摩半

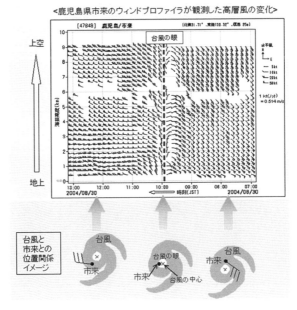

図3.6　台風時高層風の変化（鹿児島県市来）　　出典：気象台HP，2014

島側に降灰があるということです。
③梅雨前線が南下し北東から冷たい空気が流れ込む時
　図3.7のように、梅雨前線が南に下がり、北東の冷たい空気が鹿児島に流れるときも、薩摩半島側に火山灰が降ってきます。
④前線を持った低気圧がある場合で東風が吹く時
　図3.8のように、前線を持った低気圧が南方にあると東風が吹きます。この時の上空の風を図3.9に示します。鹿児島県市来の観測所では、12時頃に上空6km付近までは緩い東風が吹いています。さらに上空では、緩やかに北ないし北北西方向に吹いています。このような状況の時に桜島が大噴火すると、鹿児島市側に多量の軽石と火山灰が降るでしょう。そして、姶良市や霧島市にも多量の軽石と火山灰が降り積もるでしょう。火山灰は、冬の風が強い日には、霧島火山の新燃岳の例（図3.10）にあるように狭い範囲に帯状に降りますが、風が弱い日には、火口を中心として円に近い楕円形で広範囲に降り積もります。
　それでは1年のうちどの程度の期間に、薩摩半島側に多量の降灰があるでしょうか。

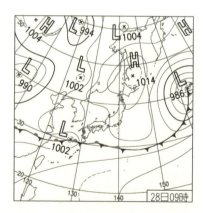

図3.7　薩摩半島側に降灰がある日
　　　 2013年6月28日

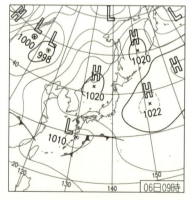

図3.8　薩摩半島側に降灰がある日
　　　 2013年6月6日

第1章 噴火災害　*31*

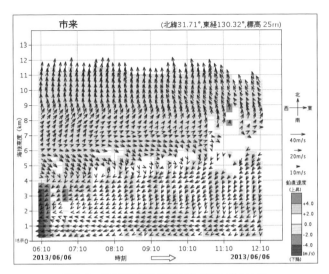

図3.9　薩摩半島や湾北部に降灰がある日
（気象庁ウィンドプロファイラ：時間－高度断面図）

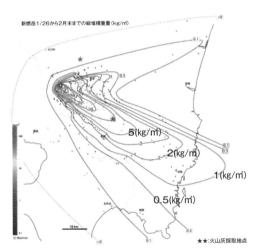

堆積した軽石・火山灰の範囲と量を示す等重量線図。
測定は約110地点。線の内側（囲まれた範囲）が線上の数字より多い範囲で、1平方メートルあたりに積もった火山灰と軽石の重量をkg単位で示す。

図3.10　新燃岳噴火（2011年）の降灰量　　出典：産業地質総合センター

太平洋高気圧が優勢な時季が7月中旬～9月初旬で、そのほかに②～④の時がありますので、極めて大雑把な見積もりをすれば、年間の2割前後と見込まれますが、この分野における今後の研究が期待されます。

　どの程度のリスクがあるのか、という点は重要ですが、まだ詳しく研究されていません。しかし、過去の気象データが気象庁や民間会社に蓄積されているので、噴煙柱のモデルを作って過去の気象状況を再現すれば、どの地域にどの程度の軽石や降灰があるか大まかな検討ができるでしょう。年によっては、ずいぶん違いがあるでしょうが、気象資料としては、10年分も検討すれば、傾向がつかめるでしょう。

　その結果から、例えば大隅半島の垂水市側に降灰がある可能性が何割程度あるのか、同じように、霧島市、姶良市、鹿児島市側には何割程度の降灰のリスク（危険度）が考えられるのかが分かってきますので、それぞれのリスクに対してどの程度の対策を講じるかを検討ことができます。

3.3　降灰範囲の盲点

　金井氏の調査結果を東西逆にして、実際には大隅半島側に降った火山灰が薩摩半島側に降ったと想定した図、すなわち図3.3の左側を拡大して図3.11を作成しました。

　このように大きな地図に当てはめますと、あらためてその凄さが分かります。2011年の新燃岳の噴火の際には都城市に降灰があり大変でしたが、その時の火山灰の厚さは、火口から約20km離れたJR日豊線の谷頭駅（都城市）で1cm程度、約11.5kmの都城市夏尾町夏尾中付近で2cm程度でした。5cm以上の火山灰が積もったのは、火口から約7.5km地点の国道223号付近で、その降灰範囲は幅1.5km程度と狭いものでした。

　一方、大正級の噴火の場合には、図3.11で示すように、鹿児島市か

ら北東に約30kmのいちき串木野市でも、12cm以上の降灰量となります。あくまで大正噴火の降灰量を単純に東西逆にした場合ですが、日置市の中心部で30cm、鹿児島市内の中心部では50〜100cm以上となり、非常に多量の灰が広範囲に降り積もることが予想されます。新燃岳の噴火も大変だったと思いますが、とてもくらべものにならない多量の灰が降ってきます。

　ところで図3.11では、図3.4に比較するとずいぶん広い範囲で降灰を予測しています。図3.4は、地層として残っている火山灰や軽石層の厚さなどから噴火当時の軽石の厚さを推定したものです。しかしその場合、火山灰や軽石が雨で流されたり、その上に積もった火山灰の重さで圧縮されていることも考えられます。金井氏の噴火直後の調査では、場所によっては、それまでの資料の約2倍の厚さがある地域があったり、地層だけでは把握できなかった鹿児島湾北部の姶良市でも多量の降灰があったことが記録として残されています。つまり図3.4の降灰範囲は地層として残っていた火山灰や軽石からの推測であって、実際はもっと広い地域に厚く降ったと考えた方がよさそうです。

　図3.12の「桜島火山防災マップ」では、桜島を中心にほぼ同心円状

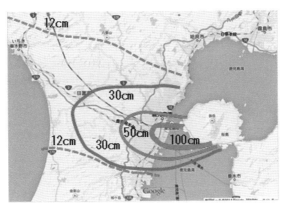

図3.11　大正噴火時の火山灰分布を東西逆にした図

図3.12　桜島広域火山防災マップ　　出典：砂防地すべりセンター

に降灰堆積厚さが書かれていますが、降灰が特に多いと考えられる地域が、桜島の東の方向に示されています。この範囲は、笹の葉のように細くなっていますが、図3.3を参考にすれば、幅はもっと広がることになりそうです。また夏には、台風時を除いてさらに幅広い範囲に多量の降灰があることになります。

4．大噴火時に予測される被害

4.1　交通の被害

　降灰時の被害を予測する資料としては、前掲の図3.1があります。これは富士山の噴火を懸念して結成された富士山ハザードマップ検討委員会の資料や、霧島の新燃岳の噴火事例などを参考にして作成されたものですが、ここに再掲します（図4.1）。二・三次産業や農林水産業や生活への被害も大きいのですが、ここでは、①交通と②ライフラインに限って見てみましょう。

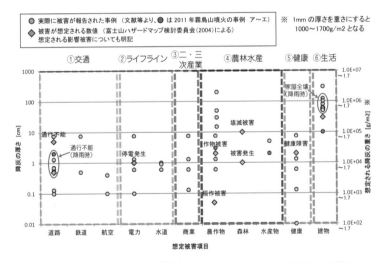

図4.1　降灰による分野別被害　　出典：内閣府,2001（図3.1の再掲）

①交通の、道路について見てみましょう。〇印が被害報告された事例ですが、霧島山噴火では3cmぐらいで被害が記載されています。◇型のマーク（被害想定）に注目すると、雨が降らなければ7～8cm程度、雨が降れば1cm未満で通行不能となっています。雨が降った場合は、粒子が細かい火山灰は特に路面がスリップしやすくなるためでしょう。

実際の降灰について参考例を見てみましょう。
・7.5cmの降灰（セントヘレンズ火山　1980年）
　高速道路の完全閉鎖5日間　市内の道路は速度制限
・2.0cmの降灰（新燃岳　2011年）
　高速道路の完全閉鎖5日間　市内の道路は速度制限

高速道路の場合は、ブレーキを踏んでから止まるまでの距離が長くなりますし、スリップする可能性もあるので完全閉鎖となっていますが、同じ時に市内の道路は速度制限で通行可能となっています。しかしこれらの事例は、最大でもセントヘレンズ火山の降灰量7.5cmです。

多量の火山灰（軽石）が降った事例は世界中を探してもほとんどありません。Googleの検索機能を用いて、英語で「車　交通障害　火山噴火　火山灰」と入力しても参考になる事例はなく、5ページ目には、厚さ5mmにも満たない桜島の写真が出てきます。近年は、大都市部で多量の降灰が降った事例はないのです。

そんな数少ない事例の中に、南米チリとアルゼンチンの境界にあるプジェウエ=コルドン・カウジェ火山群の噴火（2011年）の写真がありました。ここには、20～40cm程度の軽石が降り積もった山中とみられる道路が写っています。近年最も厚く軽石が積もった場所の映像です。ほとんど軽石しか見えませんが、轍の深さは20cm程度になっています。この状態では、車高が高い四輪駆動車でなければ通行困難と見込まれます。

30cm以上の降灰があれば、タイヤをつけた車両は、特殊なものを

除いて通行不能と考えていいでしょう。これには、緊急車両や警察車両も含まれます。このことが、降灰からの復旧を非常に妨げると考えられます。

とにかく、道路さえ通れば水も食料も支援資材も救援部隊も運べるのです。まさに道路はライフライン中のライフライン、都市と住民の生命を担う最重要施設でしょう。道路が通れさえすれば、非常事態に想定される危機の多くをとりあえず除去できるのです。

4.2　電力の被害

30cm以上の多量の降灰が都市部に降り停電発生を引き起こした事例は、世界中を探しても見つかりません。電力会社に聞いても「停電になるかならないかよくわからない」様子です。多量の降灰の事例がないので、参考として、少ない降灰量の事例を示します。

湿った火山灰が1～6mm付着すると、停電が起きています（セントヘレンズ　1980、リダウト　1989、ルアペフ　1995/96、阿蘇山　1990）。米国のセントヘレンズ火山の1980年の噴火の際には、7.5cmの降灰を除去するために最大8時間停電させています。次に降灰量が多い事例が1979年の桜島で、電柱の碍子（がいし）に泥灰が付着して、島内の1600戸が6時間停電しています。

富士山ハザードマップ検討委員会（2004）の資料では、「降灰時に雨がなければ停電はほとんど発生しない」、一方、「降雨がある場合は、桜島の事例から1cm以上の降灰がある範囲で停電がおこり、その被害率は18％とした」とされています。ただ近年は、配電線には電線を被覆する対策が取られており、火山灰の付着で漏電し停電する状況は以前より少ないと考えられています。実際、桜島で昭和60年に多量降灰があったとき、灰により碍子等の絶縁低下が起こり、電力を停止する漏電事故が26回発生していますが、電力会社からは「その後、絶縁強化（漏電しにくい碍子に取換等）を実施し、降灰の影響と特定

できる事故は発生していない」と回答を受けました。そして、電力会社の降灰対策は、「灰が付着したら洗い流すなどの復旧処理を行う」とされています。

　富士山ハザードマップ検討委員会の資料は、桜島噴火の近年の降灰の影響と外国の事例などを参考にしたもので、降灰量は最大でもセントヘレンズ火山の7.5cmです。鹿児島市内で30cm以上の降灰があった場合については、実際のところよく分からないといった状況と思われます。

　この点に関して内閣府では、「広域的な火山防災対策に係る検討会」を平成24年9月28日に開催し、大規模な火山災害発生時に想定される課題と対応策の方向性の案（第2回）を示しています。その中で筆者が特に重要と考えるのは、「国、大学等の研究機関、鉄道、発電・送電、通信などの社会インフラ事業者は、多量の降灰が社会的に影響の大きなインフラ施設に及ぼすメカニズムとその影響の程度について調査研究を行う必要がある」と示している点です。しかし現時点（平成27年1月）で、多量降灰に関する新しい研究成果は、ネットで探す限りほとんどヒットしません。電力関係のこの分野の専門家の話では、全国的にはローカルな課題だと認識されていて、ほとんど研究が進んでいないそうです。

　電力が停止した場合に発生する長期間の断水（水道施設の自家発電設備の稼働時間は10時間程度）により、東日本大震災よりも多い死者数が考えられるのに、誠に残念なことです。多量降灰が数万人以上の人命に直接関係していることを考えますと、国や大学も事業者もこの分野の研究に予算と人をあててほしいと思います。

　なお、ここまで降灰による停電について述べてきました。一方、大噴火という視点で捉えると、降灰以外でも次の場合には、規模の大小はあるでしょうが、必ず停電が起きます。

　①地震

②津波

③山体崩壊

④噴石・火砕流・熱風

これらを一つずつ見てみましょう。

4.2.1　地震

　大正噴火は12日の午前10時頃に始まり、8時間半後の午後6時28分には、鹿児島湾を震源としたマグニチュード7.1の大地震が起きました。この地震の揺れは鹿児島市で震度6、熊本・佐賀・宮崎で震度3でした。この地震で、土砂崩れや石垣の崩壊が発生し、死者29名と負傷者111名が出ています。小規模な津波（波高2m）も発生しています。この数字だけ見ると、2014年8月20日に広島であった土砂災害（死者75名）より小さな災害に思えますが、当時の鹿児島市の人口は約10万人（大正3年の記録なし、明治44年：7.3万人、大正9年：17.7万人からの推定）です。現在約6倍の60万人ですから、単純に人口増加分だけ死者が増えるとすると29名×6＝174名になります。

　文明噴火（1468年）と安永噴火（1779年）では大地震発生の記録がないので、次の桜島大噴火で地震が発生するか否かは分かりません。また、火山が噴火した時の地震は一般的にマグニチュード6以下なので、大正3年の大噴火に伴う地震は例外的に大きな地震だったといえます。

　図4.2をご覧ください。この図は、南側から桜島や錦江湾および霧島を見たものです。錦江湾には姶良カルデラAと桜島Sの直下2ヵ所にマグマだまりがあり、桜島直下のマグマだまりには、姶良カルデラの深くて大きなマグマだまりからマグマが供給されています。大正噴火に伴う地震は、噴火によって桜島のマグマの一部が火山灰として地表に出たために、S（桜島）やA（姶良カルデラ）の下の濃い灰色の部分の圧力が下がって起こったと考えられます。

　さて、地震が起きると建物・崖・塀が崩壊し、地盤が液状化するこ

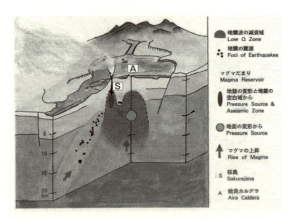

図4.2　桜島周辺の地下構造　出典：井口正人, 2007

とがあります。このうち、停電に関係する事だけにスポットを当ててみましょう。

　建物・崖・塀などが崩壊し電線が切れると停電になります。切れた電線が小規模なものであれば、停電は狭い範囲に限られますが、高圧の送電線が切れると大停電になります。思い出されるのは、福島原発の時の送電鉄塔の倒壊です。設計上は地震に耐えられるはずでしたが、想定外の揺れが起きたのでしょう。

　地盤の揺れは、同じ地震でも場所によってずいぶん違います。岩盤のように固い地盤ではあまり揺れませんし、揺れの周期は短いのですが、緩い砂や粘土地盤では、同じ地震でも揺れがひどくなります。近年は、キラーパルスと呼ばれる波長が長い地震動（周期1〜2秒）が、古い耐震設計基準で造られた木造住宅、あるいは超高層建築に重大な被害を与えることが分かってきました。このキラーパルスは、阪神・淡路大震災を引き起こした兵庫県南部地震のほかに、中越地震や長野県北部地震でも、軟質な地盤がある地域の民家に予想外の重大な被害を与えています。錦江湾周辺でも、平地では地下に軟質な地層が数十mから数百m以上堆積している箇所が多いので、キラーパルス

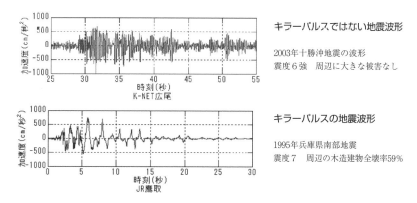

図4.3　キラーパルスの地震波形

が鹿児島市・姶良市・霧島市などで発生する可能性も考えられますが、詳しいことはまだ分かっていません。

　地震の揺れは、地形の違いでもずいぶん差があります。特に尾根部や台地の縁に近い箇所では揺れが拡大されます。そういう場所に高圧線の鉄塔がある場合には、揺れの拡大に注意が必要です。建築物や送電線・電柱の倒壊のほかにも、看板などの落下や斜面崩壊による電線の切断、火災による漏電など、地震で予想される停電の原因は多岐にわたります。

　阪神・淡路大震災ほどの強烈な揺れ（震度）でなければ、消防車は道路を使って火災現場に到着し消火活動ができます。ところが、道路に多量の降灰があると消防車の走行が困難になります。鹿児島市内側に大正噴火級の降灰があった場合、その深さは50～100cm以上になると予想されるため、火事があっても消防車が現場に行けないという状況が考えられます。強烈な揺れではないにも関わらず、阪神・淡路大震災と同じように、市街地は燃えつくすことになるのです。当然、停電範囲は広大な区域になります。

　阪神・淡路大震災では、260万件の停電を1日目で50万件まで減ら

し、2日目で26万件、3日目で12万件と、困難な中でも非常に素早く停電が回復され、1週間後には応急送電が完了し、停電はなくなりました。しかしこれは、道路が通行しにくい状況であったにも関わらず、何とか復旧車両が現場に到着できたからこそ可能だったのです。

　現時点では（2014年10月）、道路に多量の火山灰（軽石）が積もった場合の処置は、ほとんど考えられていません。多量の火山灰が広範囲に堆積するわけですから、その量は膨大となります。仮に5km×10kmに厚さ0.5mの火山灰が堆積すると、その量は2500万㎥になります。10mの高さに積み上げると1.6km四方になりますが、こんなに大量の火山灰を捨てる場所はありません。緊急処置として海に捨てることも考えられますが、法律では海洋投棄はできないことになっています。ただし緊急時には、許可があれば特別に海に捨てることができます。しかし、海に捨てると、新たな問題が発生します。

　一つは、火山灰を海に捨てることによる漁業者への被害拡大です。もう一つは、多量の火山灰が堆積する地域ではその8～9割が軽石なので、軽石が海面に浮くことです（図4.4）。軽石は、やがては水を

図4.4　湖に降って浮かんだ軽石
2011年に噴火したチリ・プジュウエ火山から160km離れた湖

吸って海中に沈んでしまうと考えられますが、最初のうちは海面を漂うことになるでしょう。その量は膨大ですから、船舶の航行に重大な影響があります。鹿児島港からは奄美群島・種子島・屋久島・三島・十島などの離島に物資を供給していますが、これらの航路は重大な被害を受けることになります。もっとも、この時点で鹿児島港に陸路から物資の供給は困難と考えられますので、離島航路の寄港地は、宮崎や志布志や長崎、熊本など他の港を事前に検討しておく必要がありそうです。

　さらに付け加えると、地震では地盤の液状化という厄介な問題が発生することがあります。液状化とは、地震の揺れで砂地盤が泥水のような状態になることをいいます。不動の大地という言葉がありますが、その大地が泥水のようになるのです。立っていた電柱は地盤に潜り込み、マンホールは中が空洞で周囲の地盤より軽いために浮き上がることになります。ただ、地盤が泥水のようになるといっても、地下で泥状になるだけで、底なし沼のようになるわけではありません。地表面に砂が混じった泥水が吹き上がる現象はありますが、地面が泥のようになる例はありません。ですから、地盤の液状化によって被害を受けるのは、主に重い構造物や港の護岸などです。今日の日本の建築物や橋では耐震設計が行われているので、特別な場合を除いては損傷があっても何とか使用できるはずです。また、液状化そのもので亡くなられた方は知られていません。ただし、液状化によって電柱の沈下や建物の傾きなどが生じて電線が切れると、停電になることは言うまでもありません。

　鹿児島市では、海岸側の埋め立て地で著しい液状化が予想されます。大正3年の大噴火に伴う地震では、甲突川の土手に亀裂ができた写真が残っています（図4.5）。これは甲突川の堤防の下にある砂地盤が液状化し、堤防（土手）に亀裂ができたものと考えられます。このような写真は、新川沿いの田上尋常小学校でも撮影されています。

図4.6は大正噴火の際の地震後に甲突川付近から北部市街地を調査した図です。「Ⅲ　強震」と記載された区域でも液状化が発生したと推測されますが、より揺れの強かった「Ⅳ　烈震」と記された区域は激しい液状化があったものと推測されます。ここは海岸沿いの埋め立て地である可能性があり、ちなみに、当時の鹿児島市の住宅戸数は13,000戸余りであり、169戸が全半壊、一部損壊は全戸数の7割を超える9,465戸と報告されてい

図4.5　地割れが起きた甲突川の土手
出典：鹿児島県立博物館

図2−16　鹿児島市街地震度分布 (今村, 1920の町名等表記を削除・加筆)

図4.6　大正噴火時の地盤の揺れの変化

ます。

　鹿児島県地質調査業協会と鹿児島大学が1995年に作成した、「鹿児島市地盤図」という資料があります。その中に地震の揺れの強さ250ガル（加速度）で算定した液状化の予想図（図4.7）があります。こ

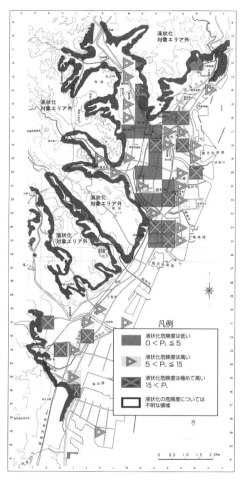

図4.7　液状化算定図
出典：鹿児島市地盤図,鹿児島市地盤図編集委員会,1995

れは実際のボーリングデータから得られた値をもとに算定したものです。この図では、液状化の危険が極めて高い×印がついた区域と、液状化の危険度が高い△印がついた区域が、市内中心部のかなりの範囲に見受けられます。特に埋め立て地では液状化が発生しやすいことから、錦江湾沿いの埋め立て地は、危険度が極めて高い地域（×印）に分類されています。大正噴火で地割れが起きた田上小学校の前や甲突川沿いの地域は、液状化の危険度が高い区域△印となっています。

　地震の揺れの強さを表す「震度」と、「加速度（ガル）」の目安を表4.1に示しました。250ガルは、震度5と震度6の境界付近の値になります。

　次の桜島の大噴火時における地震の大きさは誰にも予想できませんが、一旦地盤が液状化してしまったらライフラインに重大な影響を与える恐れがあります。水道・電気・道路・港などについては事前に対策が必要でしょう。もちろん、現在の土木や建築分野では、地震時に地盤が液状化した場合の安全性を考慮して設計することになっています。ただ、東日本大震災や各地の地震では、耐震設計をしていても想定外の事態があったことも事実です。特に、古い規格の耐震設計の箇所などは要注意です。

　図4.8は、東日本大震災の液状化箇所と、それ以前に調査されていた地盤の液状化指標PL値との関係を示したものです。PL値が大きくなるほど液状化しやすいと判定されますが、実際の地震後の調査で、液状化した箇所はほとんどPL＝5以上で、予想と結果がだいたい合っています。PL＝5以上の箇所でも液状化していない地盤がありますが、地盤の複雑さを考慮すると、この指標で、概ね

表4.1　地震と加速度の目安

階級	相当加速度
震度0	0〜0.8ガル
震度1	0.8〜2.5ガル
震度2	2.5〜8.0ガル
震度3	8.0〜25ガル
震度4	25〜80ガル
震度5	80〜250ガル
震度6	250〜400ガル
震度7	400ガル以上

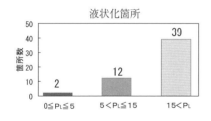 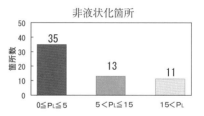

図4.8　東日本大震災時の液状算定結果検証
出典：液状化対策検討会議, 国土交通省, 2011

地震時の地盤の液状化を判定できると考えられます。

4.2.2　津波

桜島噴火と津波の関係は複雑です。実際、次の大噴火でどのような津波が発生するか、全く予想はつきません。これでは、津波をどのように考えればよいか見当もつきませんので、大正・安永・文明の大噴火時の津波の記録を見てみましょう。

大正噴火

大噴火があった日の夕方18時20分に、激震とともに小津波が発生しています。記録はこれだけです。したがって、津波そのものが産業や暮らしに大きな影響を与えるほどではなかったと考えてよいでしょう。

安永噴火

安永噴火の時には津波が発生しています。じつは安永噴火の特徴は、この津波を引き起こした海底噴火にあります。次の大噴火が陸上の噴火だけとは限らないので、少し触れておくことにします。

安永噴火は1779年11月7日（安永8年9月29日）の地震から始まっています。大正噴火と異なるのは、海底の地層に溶岩が貫入して海底が盛り上がったことです。図4.9では、左下に桜島の北東部が描かれていて、安永溶岩の北東側に海底の高まりがあります。この海底の高まりは、周囲の水深が140mと深いにも関わらず、数十mとずいぶん浅くなっています。相当な盛り上がりです。この中に、火口を思わせ

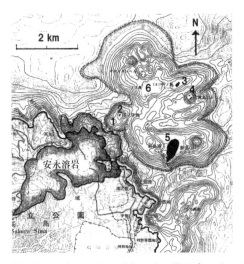

図4.9　安永諸島（1：水没した1番島　2：獅子島　3：中ノ島
　　4：硫黄島　5：新島　6：ドロ島）　出典：小林哲夫,2009,火山,vol.54

る円形の窪地がいくつもあります。そして、黒く塗られた6つの島が数字の順番に誕生し、これが「安永諸島」と呼ばれています。現在も、このうち3つの島が残っています。

　猪子島と硫黄島は海底に噴出した安永溶岩の島です。中ノ島と新島は海底が隆起した島で、地表には巨大軽石が点在しています。

　問題となる津波は、噴火開始後10ヵ月程すぎた1780年8月11日に起こりました。桜島の小池付近の浜辺で、高さ二丈（約6m）の津波が押し寄せ、家屋が浸水し、家屋が潰される被害が発生しています（桜島−噴火と災害の歴史,石川秀雄,1992,p.53）。

　続いて1780年10月4日には、海から大きな音が聞こえ、海面に大波があった記録があります。さらに1781年3月18日にも津波が発生し、これは文部科学省が大正噴火100年にあたって編纂した「1914　桜島噴火報告書」に、「突然の大爆発で漁船が吹き飛ばされ、波高十数mの大きな津波が発生した（死者・行方不明者は約20名）」と書かれて

います。大変な高さの津波だったことがうかがえます。

文明噴火

文明噴火は時代が古いため、科学的に信頼できる資料があまり残っていません。津波に関しても、桜島の過去の噴火を記載した文献に書かれていませんので、なかったのかもしれません。

安永噴火の時のような津波が次の大噴火の際に起きるか否かは、現時点では全く分かりません。

4.2.3　山体崩壊

ここで、津波が起こるもう一つの可能性について触れます。桜島のように溶岩と砂などが積み重なった火山は、特に崩れやすいのです。その例を富士山で見てみましょう。

富士山は、現在では均整がとれた円錐形をしていますが、山体崩壊が過去2万3千年の間に少なくとも4回発生したことが知られています。最新の山体崩壊は、2900年前に東側斜面で発生しました。図4.10で見ると、山の右側斜面に太い破線で示されているのが、山が崩壊した時のすべり面です。この太い破線から上の山体が崩壊して、山が削

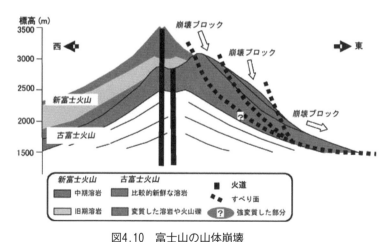

図4.10　富士山の山体崩壊
出典：御殿場岩屑なだれ発生時の富士山の模式的な地質断面,宮地・他,2004

れてしまったのです。大地震の時に山体が崩壊したと考えられていますが、崩壊した斜面の長さは3000mで、崩れた地層の厚さは500mにもなります。

その大きさに驚かれるでしょうが、鹿児島県でも、規模の大小はありますが、霧島、開聞岳、諏訪之瀬島、中之島等に山体崩壊の跡があります。開聞岳は海底に堆積している崩壊の痕跡を海図でしか見ることができませんが、他の火山は地図や空中写真で見ることができます。

霧島の夷守岳(ひなもり)の裾野には、図4.11の山体崩壊物と描いた範囲に山崩れでできた小山が散らばっています。この小山は、専門用語では「流れ山」と呼ばれ、山が大崩壊した際にたまったものです。夷守岳の場合は、3万5千年前に山体が崩壊し、現在もその痕跡を見ることができます。

図4.12は雲仙の例です。1792年5月21日、長く続いた群発地震の末期に強い地震があり、雲仙岳の裾野にある眉山が崩壊しました。この

図4.11 霧島の夷守岳の山体崩壊跡　出典：Google earth より作成

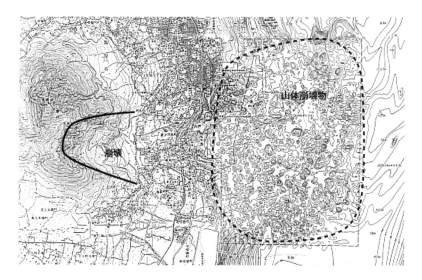

図4.12 雲仙の眉山の崩壊と流山

　土砂が有明海に一気に流れ込み、高さ10m以上の大津波が発生して、対岸の熊本県を襲いました。この時の死者は、島原側と熊本側で合わせて1万5千名（当時の肥後側5千名）にも上ります。この時の崩壊物は、図に示したように、海中に残っています。

　雲仙は1990年にも噴火しました。その時も、雲仙の直下で強い地震があれば、他の山で同様の事が起きるのではないかと懸念されました。幸いにも強い地震は起きず、平成の大崩壊は起きずにすみました。

　平成の噴火を想像してみてください。一部の科学技術者の間では、200年前の大災害の再来を十分感じていたようですが、避難となると何百万人にもなります。そのような避難指示を出すことはとても大変です。豪雨や洪水の場合は、崩壊しやすい斜面の下や、川沿いの住宅からの避難が考えられますし、単に浸水であれば2階に避難することも考えられます。ところが、津波の場合はそうはいきません。東日本大震災の例に見るように、津波が大きいと家も人も根こそぎ持って行か

れますから、仮に20万人の都市に避難指示を出したとすると、全員が避難しなければなりません。それが数百万人におよぶとどうでしょうか。避難が空振りにおわる場合を考えると、避難指示を出す責任はかなり大きいものがあるのです。このことは、桜島でも参考になります。

桜島は図4.13に示したように、北岳の火口付近に段差地形があることが知られています。この段差地形は崩壊地形とも呼ばれていますが、一般的には崩壊の前に斜面の上部にできる変形です。いつできたかは分かりませんが、大正噴火前の5万分の1の地形図にもこの形が見られるので、安永噴火時かそれ以降にできた地形と考えられています。そして、「1914　桜島噴火報告書」のコラム1では、「（大正噴火の際に）もし崩れ落ちていたら、錦江湾一帯に大災害をもたらしたかも知れない」としています。

この段差から山体が崩壊するか否か、現時点ではだれにも分かりません。崩壊するとしても、その規模も分かりませんし、崩壊物が海まで突入するかどうかも分かりません。もちろん、現地に入って観測できる地点でもありません。ただ、ここで山体崩壊が起こり、多量の崩

図4.13　北岳山頂の段差地形　出典：1914　桜島噴火報告書,内閣府

壊物が高速で海に突入した場合は大きな津波が発生すると考えられるので、大噴火が始まったら監視を続ける必要があります。通常は飛行機を飛ばして高密度のレーダー観測を繰り返し行い、地形資料を得るのですが、大噴火の場合は噴煙が多いために、飛行機もヘリコプターも使用できません。一番情報が必要になるのが最も噴煙が多く航空機のリモートセンシングを利用できない時期なので、何らかの観測手法を準備しておく必要があります。しかしながら、その方法はまだ見つかっていません。

　本項では、噴火時に停電になるか否かの参考資料として山体崩壊を取り上げました。分からない点も多いので、次のようにまとめておきます。

〔桜島の山体崩壊のまとめ〕
①万が一、大規模な山体崩壊が発生したら、津波が発生し、湾岸市街地と港湾施設が大打撃を受ける。被災箇所の断線などで電力の送電も困難になる。
②小規模な山体崩壊では、津波が発生しない可能性も考えられる。
③現時点では崩壊土塊の大きさなど分からないことが多く、山体崩壊が起きるか否かも不明である。

4.2.4　噴石・火砕流・熱風

　桜島では、通常の噴火でも島内の中腹まで噴石が落ちていますが、桜島火山ハザードマップには、大噴火時の噴石到達範囲を図4.14のように記載しています。大規模噴火とほぼ同時に噴石が到達する範囲です。また、大噴火時の火砕流と熱風の範囲も示しています。火砕流や熱風に襲われると人は即死ですから、この地域の方々は大噴火前に避難する必要があります。

　ただ、南日本新聞社の「373news.com　桜島100年の主なできごと」には、次のような記載もあります。

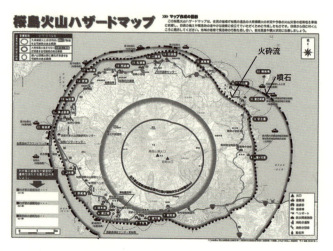

図4.14 噴石と火砕流到達範囲　出典：桜島火山ハザードマップ,鹿児島市,2010

・1978年7月29～8月1日
　鹿児島市吉野町に直径最大3cmの火山礫多量、電柱のガイシ絶縁不良、停電2500戸
・1986年12月30日
　火口から20km離れた輝北町などに多量の火山礫、車10数台のガラス破損

　以上の2件とも、島外に火山礫（2～64mm）が到達した例です。火山礫より大きく、直径64mm以上のものを噴石と呼んでいます。噴石の大きさは、大きなものは3m以上になります。ちなみに、新燃岳の噴火の際に大きな噴石が飛んでいく映像が見えましたが、おそらく3m以上はあったでしょう。

　ここで注意しなければならないのは、図4.14で噴石の飛散範囲としているのは、64mm未満の火山礫を含まないことと、過去に、大噴火でもないのに鹿児島市吉野町や20km離れた輝北町でも火山礫の被害があったことです。通常の噴火でこの状態ですから、大噴火の場合は、

もっと大きなものが広範囲に降る可能性も考慮する必要があります。

図4.15の上の図は、1986年11月23日に、直径2mの噴石が桜島の麓の古里地区のホテルに落下した時の軌跡を描いたものです。この噴火の2年前、1984年7月21日には、古里地区の隣の有村地区に多量の噴石が落下して、民家の屋根瓦37枚が壊れ、中には屋根を破って落ちてきた高温の噴石でボヤが発生した家もありました。この時、道路や畑には多数の穴が開き、最大のものは直径7.2mもあったというから驚きです。

噴石の到達範囲は、国土交通省のホームページでは下記のように記載されています（2015年1月28日）。

「Blong(1984)によれば、噴石の平均的到達距離は約2km以上、最

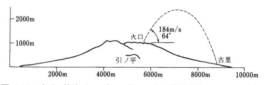

図 1-18 噴石の軌跡（1986年11月23日）。（鹿児島地方気象台による）

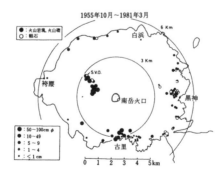

図 1-19 落下点と最大径（5mm以上）が確認された噴石の分布図（1955～1981年）。（原図は江頭庸夫による）

図4.15 噴石と火砕流到達範囲　出典：桜島－噴火と災害の歴史,石川秀雄

大で約5km以上である。しかし、1783年の浅間山噴火においては約11kmの飛距離が記録されている」このことから、一般的には、「噴石・火山弾による被害影響範囲は平均的に数km未満であるけれども、例外的に浅間山のように半径約10kmのエリアで被害を発生させるものもある」。

　桜島と海を隔てた鹿児島市の場合は、噴石の落下は少なそうです。しかし、噴石は火口の形の違いや長さの違い、噴火時の速度や方向の違いなどで到達範囲もさまざまなケースが考えられます。一般的には、桜島の対岸の鹿児島市では噴石の被害は少ないはずですが、半径10km以内では数cm程度の火山礫が飛来することも考えられます。

　一方、噴石よりも小さな火山礫の落下でも、現在の被覆された電線が傷つき、断線や漏電をしないという保証はありません。万が一、大規模な送電施設が停電になってしまうと、甚大な被害が予想されます。そのような停電はないことを願いますが、火山礫が落下した時の停電発生の可能性や対処法について、電力関係者の検討が必要になるでしょう。特に、水道施設への電力供給は重要です。鹿児島市の3つの浄水場をはじめとした水道施設を停電させるわけにはいきません。

　火砕流と熱風は、図4.14ではほとんど桜島島内に限定されていますので、その範囲以外は、ここでは考える必要はないでしょう。ただ、桜島島内の住宅は、高温の噴石や火砕流・熱風で火災になる場合が多いので、桜島の住民への支援が大変重要と感じます。

4.3　その他の被害

　噴火直後から、火山礫・降灰などの被害を桜島周辺地域でも受けますが、ここまで記載しなかったごく普通のことを含めると、次のことが初期段階で起きそうです。

①航空機の飛行困難

　火山灰がエンジンの内部に入り込み、溶けて焼き付くため、エンジ

ンが停止します。

　ヘリコプターは、視界不良で噴煙活動が低下するまでは飛行困難です。

②高速道路

　降灰量が数 cm に満たない段階で、通行車両の安全確保のために通行止めになると見込まれます。速度を制限すれば、2〜3 cm の火山灰なら通れる可能性もありそうです。

③鉄道

　鉄道にはリレー信号を確認するシステムが線路上にあります。濡れた火山灰がレールを覆うと漏電により電位差が取れなくなり、電車を止めることとなります。

　鹿児島市の市電は、車輪とレールの間に 5 mm 程度以上灰が挟まると、電流が流れず電車が動かなくなり、信号機や警報の誤作動も起きています。

④降灰の重みによる建物の倒壊

　木造平屋の家屋は、525（kg/m²）の荷重を超える倒壊の危険に曝されます。灰（雨に濡れた灰）の厚さ30cm 程度から、倒壊の危険性が出てくるとされています。鹿児島市で大噴火の際に30cm 以上積もる場合は、そのほとんどは軽石ですので、別の尺度が必要かもしれません。一方、有珠火山（1977 年噴火）のように、わずか40cm 軽石が堆積しただけで、ラーメン構造の陸屋根が変形した事例もあります。

5．中長期的な被害

　ここまでは、噴火直後の被害に対する盲点について主に記載しました。大正噴火では、約1日半で噴煙活動は停止し、その後溶岩の流出が始まりました。桜島の住民はほとんどが鹿児島市側と大隅半島側に避難しましたので、桜島島内の死者・行方不明者は30名（1914　桜島噴火報告書、p.46）でした。一方、溶岩に埋もれ消失した家屋は、東

桜島村で647戸、西桜島で1482戸と膨大な数に上ります。桜島の全戸数3,388戸のうち実に62％が被災し、6つの集落が溶岩に飲み込まれています。その後も、大隅半島での耕地被害の拡大、10年にも及ぶ土石流や洪水被害など、大変な苦労がありました。ここでは、一般にはあまり知られていない噴火後の中長期的な被害の盲点について記載します。

大正級の噴火が始まり、鹿児島市内側に降灰があったとすると次の事が起きます。これは鹿児島市を例にしていますが、多量の降灰があった場合は、錦江湾の周辺地域や富士山の周辺地域でも同じです。

5.1 情報通信網の麻痺

停電が長時間続いた場合には、ＮＴＴなどの通信回線も使用できなくなると考えられます。ＮＴＴ西日本は、停電時の対策として、通信ビルや無線基地局に予備電源（バッテリーやエンジン）を設置することにしています。そして、万が一予備電源まで停止する恐れがある場合には、移動電源車を配備して給電をおこなうとしています。しかし、その予備電源車も、多量降灰の場合には道路を移動できません。

そこで、頼りにしたいのが携帯電話です。携帯電話の場合は、停電になっても初期のうちは、非常用バッテリーや自家発電設備がある中継基地なら電波を中継できるでしょう。しかし自家発電設備がない中継基地は、停電とともに中継できなくなります。バッテリーも、24時

図5.1　ＮＴＴドコモの新たな災害対策　ＮＴＴドコモHP,2014

間が使用できる目安です。

　また、NTT ドコモなどが災害対策として進めている自家発電設備を持つ基地局は、主に都道府県庁、市区町村役場等の通信を確保するためのもので無停電化とも言える優れた設備ですが、多量降灰の場合はそうとも限りません。前述したように、多量降灰時には燃料を確保することが非常に難しいので、燃料が尽きると動かなくなります。無停電化の施設が無い施設では、基地局はより早く麻痺してしまうでしょう。

　仮に基地局が正常であったとしても、個人の携帯電話も、停電になるとコンセントからは充電できませんので携帯電話も使えなくなります。この段階では、テレビはすでに使用できないため、スマホや携帯電話は非常に重要な情報手段なのですが、個人の携帯電話が電池などで充電できたとしても、中継基地に問題があると情報は得られなくなります。ということは、復旧にあたる機関が現場から情報を得ることも出来なくなるため、復旧の計画を練り対策を指示するための的確な判断を行うことも困難になります。個人間の重要な情報も携帯電話を利用してやり取りするのは難しくなります。

　今日、銀行や企業や家庭でも電子化が進んでいますので、停電と、それによって起こる通信網の麻痺は、生活そのものを根底から脅かすことになります。最低限度として確保しておきたい携帯電話網の確保にも、桜島周辺地域では特別の対策が必要になります。

5.2　職場通勤の困難

　多量の降灰があると、道路は使用できません。北海道の有珠山のように細粒な火山灰の場合は、0.5cm の降灰量でも雨が降ると車は走れません。大正級の噴火で、例えば鹿児島市内の中心部で50〜100cm の軽石が堆積すると、自動車・電車・バス・四輪駆動車のすべてが通行不能になります。すなわち、人が車では移動できないために、復旧

を指揮する行政関係者や、復旧に当たる建設関係企業・電力関係企業・ガス会社などの社員も出勤が困難になります。

　いくら高性能の降灰を除去できる重機があっても、それを運転する人がいなければ全く役に立ちません。同じように、非常時にスムーズな出勤ができなければ、降灰対策プランも有効に機能しなくなります。この通勤困難の状況は、降灰が除去されるまで長期間にわたって続きます。それは、斜面に降り積もった火山灰や軽石が、降雨のたびに斜面から流れ出し、市街地にも土砂が流れ出して堆積するからです。歩いて移動するにも危険な状況が予想されます。

5.3　甚大な土砂災害の発生

　図5.2は、鹿児島中央駅西側の豪雨災害などの恐れがあるとされている区域を、鹿児島市のホームページから引用したものです。大雨な

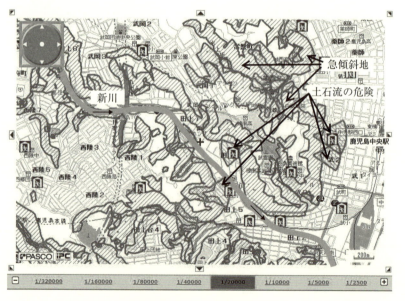

図5.2　鹿児島市の急傾斜斜面の例　　出典：鹿児島市HPに一部加筆,2015.2.2

どの際に、斜面が崩壊する恐れがある区域が「急傾斜地」で、出水市の針原地区であった災害（1997年）のように、土砂が水と一緒になって高速で流れてくる危険な箇所が「土石流の危険」と記載された箇所です。

　急傾斜地は、通常の大雨でも崩壊が発生します。斜面にある軟らかい土や不安定な岩石が落ちてくる危険があり、その結果、崩れた土砂によって斜面の下の家は潰されてしまいます。

　この急傾斜地の斜面に軽石が積もると、軽石の礫は互いにくっつく力がありませんので、少量の雨で斜面から崩れ落ちます。時には、雨がなくても崩れ落ちてきます。図5.3は、そのような崩壊例を紹介したもので、桜島の東側にある牛根地区の崩壊斜面の断面図です。この図で、一番上に2層「降下軽石」と書かれている地層があります。そしてスベリ面と書かれているので、この降下軽石層が崩壊していることが分かります。この「降下軽石」は、桜島の大正3年の噴火で降り積もった軽石です。この軽石が、降雨のたびに斜面の下の道路に流出

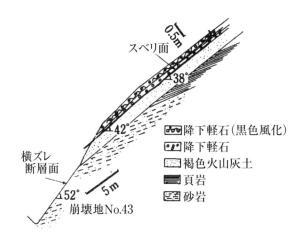

図5.3　斜面に堆積した軽石の崩壊
出典：降下軽石と火山灰土でおおわれた堆積岩地域の山地崩壊,鹿児島大学農学部演習林報告,1978

し、なんと、この災害は噴火後50年以上も続きました。

　ところで、図5.3では、降下軽石の厚さが50cm程度記載されています。図5.3は、鹿児島大学高隈演習林内の崩壊を調査したものですが、先に示した図1.4（金井, 1920）から推定すると、高隈演習林では0.5〜1mを超える量が降ったことも考えられます。調査した1978年の時点で、噴火から60年以上経過していますから、表層の軽石が崩壊したりして薄くなっている可能性もあります。52°と記載された砂岩の谷斜面には、かつて空から降って堆積した軽石や崩壊した軽石が堆積していた時期があったはずですが、調査した時点では残っていません。堆積していた軽石は、すでにほとんど崩壊して落ちたり流されたりしたと考えられます。

　このように、急斜面の軽石層は、早い段階で崩壊や崩落が始まります。そして今度は谷に堆積し、雨が降ると水とともに一気に斜面の下の方に流れ出します。このような軽石の流出が、図5.2で「土石流の危険」と記載された範囲で、大規模に、しかも繰り返し起きます。災害の風景としてテレビでもたびたび放映されるように、大雨の後に土砂が高速で流れ落ち、民家が破壊され、死者も出ることが多い、危険なタイプの災害です。

　この点は、通常の豪雨災害でも重要なので、すこし詳しく説明します。図5.4は、土石流発生箇所の地形です。山の谷の出口から平野になった所に、扇形の地形（扇状地）ができます。左上に記載してある情報から、この扇状地は、1978年から1985年の間に9回も場所を変えて土石流が流れていることがわかります。こんなに頻繁に土石流が発生すれば危険ですから、だれもこのような土地に家を建てようとはしません。ところが、稀にしか土石流が発生しないと、過去の土石流は人の記憶から消えてしまうので、家を建ててしまい危険に曝されます。あるいは土地が足りなくなると、それまで利用されていなかった危険な場所にも家が建てられることが多くなります。2014年に広島で

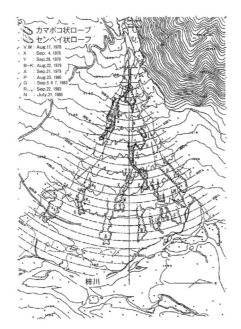

図5.4　土石流発生箇所の地形　　出典：土石流の発生と谷地形の変化, 諏訪, 1988

発生した土石流災害（死者75名）がそうでした。

　1997年、21名の死者・行方不明者が出てしまった鹿児島県出水市の針原川の土石流災害も、同じように扇状地に集落がありました。稀にしか土石流が発生せず、人々が危険を感じることがさほどなかった点でも似ています。あげればきりがないのですが、このような災害は、図5.4のように過去に何回も土石流が起きた地形で、繰り返し発生しています。

　扇状地は、飛行機から撮影した写真を使用して調べることができます。図5.5は、針原川周辺の地形写真の上に、5ヵ所の扇状地を点線で書き込みました。土石流はこの範囲で起こります。特に扇央と呼ばれる扇の要(かなめ)の部分、山の狭い谷から開けた扇状地に川が流れる箇所で最も多発します。大きな土石流も小さな土石流も、かならず

図5.5 針原川周辺の扇状地（土石流発生の可能性がある箇所）の概要
ただし、砂防ダムがある箇所は、ダムの規模に応じた効果がある。
（高低差が分かりやすいように高低差を拡大）
出典：Google earth より作成

ここを通るからです。扇の先端部分になれば、土石流が到達することもあれば、到達しないこともあります。したがって、地域住民に危険箇所という認識がないのは普通のことです。このために、全国で土石流災害が繰り返されています。図5.2の「土石流の危険」と記載している箇所はそのような危険性を持っている区域です。

けれども、大雨の時以外は心配ありませんし、砂防ダムが整備されていれば安心感も増します。しかし砂防ダムがなければ、多量の降灰があった後は少ない雨量でも、山地に積もった軽石や火山灰が泥流や土石流となって流れ下ることになります。その流れに木造の民家は耐えることができません。

また、図5.2で「急傾斜地」と記載された部分では、降る雨の強さに応じた小規模な崩壊が繰り返し発生すると考えられます。たとえ小規模であっても安全ということはありません。災害は時間とともに広範囲に広がるのです。崩壊を繰り返すうちに、土砂はやがて谷や川に

集まります。すると、川が軽石や土砂で埋まってしまうのです。さらに日数が経過すると、川の支流や谷に集まってきた軽石や土砂が、大雨の時に洪水となって平野部にも流れてきます。

　図5.6は、ピナツボ火山噴火後（1991年）のバコロア（Bacolor）の町の様子です。バコロアはピナツボ火山から約35km離れています。噴火により空から降った火山灰の厚さは数cmにも満たない地域です。ピナツボ火山の噴火は世界的にも20世紀最大の噴火で谷に多量の火砕流が堆積しましたが、火山周辺に堆積した火山灰の厚さは、山頂から概ね5km以内で100cm以上、10km地点で50cm、25km地点では5cm以下と、桜島の大正噴火より相当薄いものでした。

　ところが、このように火山灰が少なくても、川を伝って上流から泥や砂が流れてくると、図5.6に示したバコロアの町のように、泥や砂が堆積して道路は通行できなくなります。

　図5.6で写真の下の方に写っている川は、もともとは川がなかった平地に新しくできた川で、家の間を曲がりくねって流れています。この川は、大雨のたびに流路を変えます。これでは災害復旧のために道路を利用して通勤することはできません。それどころか平野部分の住宅地にも泥水が流れ込んでいますので、人が住むこともできなくなり

図5.6　噴火後の泥流流出（フィリピン　ピナツボ火山）
出典：Google earth より作成

ます。

　結局、噴火した当初段階でも、噴火が収まった数週間後であっても、土石流や泥流が流れ出すと、その時点で災害復旧関係者は通勤できないのです。そしてその状況は、数年以上にわたって起こる可能性があります。もちろん、それ以外の一般住民が移動するのも困難になります。

　図5.6に示した悲惨な状況は、特に鹿児島市の平野部で発生する可能性があります。図5.7に示した5つの河川は、その原因となる河川です。普段は心地よい水辺の風景で人を楽しませ、大雨の際には洪水にならないように多量の雨水を海に流す頼りになる河川です。しかし、ひとたび大量の降灰があると、様相は一変します。鹿児島市の場合は、図5.7に見えるほとんどの地域に30〜50cm以上の降灰が堆積する可能性が、図3.12の桜島広域火山防災マップに示されています。

　甲突川の最も上流地点は、河口から直線距離で20km離れた八重山の山腹にあります。風向きによっては、この付近でも30〜50cm以上の厚さに火山灰が降り積もると考えられています。

図5.7　鹿児島市街地の主な河川と背後の山地　　出典：Google earthより作成

そうするとどうなるのでしょうか。すでに述べたように、斜面に積もった軽石や火山灰は、雨のたびに崩れて、渓流や川に土砂が集まります。大雨が降ればさらに多くの箇所で崩れ、多量の土砂が一気に川を流れ下ります。

　甲突川の上流は、両側が山で仕切られた狭い谷（谷底平野）となっています。そこに土砂が集まります。この谷底平野には水田が耕作されています。最初に低地の水田が土砂で埋まり、次にやや高い水田、やがて集落まで土砂に埋まってしまうこともあるでしょう。

　谷底平野の周囲の斜面からも土砂が崩壊します。甲突川に流れ込み土砂が堆積すると、その脅威はますます大きなものとなるでしょう。鹿児島市小山田付近から伊敷までは、甲突川は幅150m前後の狭い谷底を流れていて、伊敷の梅ケ渕橋までの約5kmの区間で40mの標高差があります。上流から土砂が流れてくる場合、軽い軽石礫は速い流れに乗って流れ下るでしょう。この区間では甲突川沿いに国道3号がありますが、国道3号は土砂に埋まってしまう危険性もあるでしょう。

　平成5年8月の豪雨、8・6水害で水没した鹿児島市周辺の国道は、大噴火に伴う降灰で真っ先に埋まってしまうと思われる箇所です。甲突川の氾濫では流域の1200戸の家屋が浸水被害を受けましたが、大噴火でも、この地域は早い段階で土砂に埋まってしまいそうです。どの程度の土砂に埋まるかは、その時の降灰の量と雨の強さによります。8・6水害の時は、伊敷周辺の甲突川に沿った国道3号は、川の状態となって車が道路の上を流れました。今度は、この国道に土砂が流れ込みます。大雨があると何とも言いようがない状態になってしまいそうです。

　さらに困るのは、1回の洪水ならまだ復旧できるのですが、多量の土砂を含む洪水が何回も繰り返されるということです。大正3年の噴火の後は、図5.8の地域で土石流や洪水が起きています。

　図5.8では、大正噴火後の土石流で堆積したと推定される土砂が見つかった地点を★印で示しています。★印が分布する範囲は、主に火

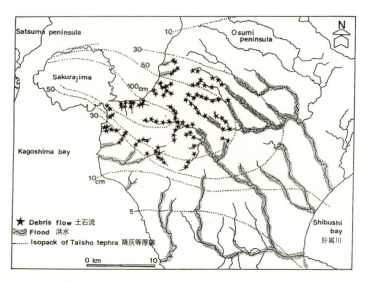

図5.8 大正噴火後の土石流、洪水発生河川　　出典：下川ら,1991に一部加筆

山灰の厚さが30〜50cm以上で、山がある地域です。一方、洪水は、火山灰の厚さが10cm以下の地域であっても、そこを流れるほとんどの川で発生しています。志布志湾に注ぐ肝属川の河口は、桜島の火口から43kmも離れ、降灰の厚さ5cm程度ですが、洪水が発生しています。肝属川は、流域に火山灰が積もり、河床が上昇して危険な状態となったため、1915年（大正4年）から住民の手によって改修工事が始められています。しかし水害を抑えることは容易ではなく、堤防の建設と流失が繰り返されました。

　旧垂水村では、大正噴火後に11回の土石流と洪水発生が記録されています。1月12日に大噴火が始まり、最初の土石流・洪水が発生したのは約1ヵ月後の2月8日、それが10月末まで繰り返し起こりました。その後は、翌大正4年に3回、5年に1回、9年に1回、10年には2回発生し、最後の記録は大正15年となっています。

　しかし長期的な被害はそれだけでは収まらず、錦江湾沿いの国道

220号の斜面では昭和後期まで、大雨のたびに土砂が道路に流出し、通行不能になりました。昭和40年（1975年）と、41年には7名が土石流で犠牲になっています。この時に流出した土砂は、おもに桜島の大正噴火による降下軽石です。その後、ほとんどの軽石が崩壊したり流れ落ちたりしてなくなったために、現在、国道220号では昔ほど大規模な土砂災害は頻発していません。

　鹿児島市を流れる新川では頻繁に水が溢れていましたが、シラス分布地域という困難を克服して、2012年に西之谷ダムができました。高さ21.5m、総貯水量79万㎥です。このダムのおかげで、100年に1回の大雨が降っても、下流に流れる水の量を68％カットすることができます。しかし大噴火があると流域面積の6.8㎢に30cmの降灰が予測され、この範囲に堆積する降灰量は340万㎥と、貯水容量の4倍にもなります。このダムを効果的に生かすには、大噴火後にダムが土砂で埋もれてしまう前に、ダムの貯水池にたまった土砂を取り除く必要があるようです。

　このように、鹿児島市側に多量の降灰があった場合の予測はじつに困難なのですが、それでも確実に次の事は起きそうです。
〔多量の火山灰が降り積もった後の土砂災害のまとめ〕
　①急な斜面に降り積もった軽石の崩壊
　②雨が降った後の土石流発生（主に土石流危険箇所）
　③河川の洪水や氾濫の繰り返し

　洪水は、川に流れ込む土砂が多くなるために川底が上がって起きます。8・6水害の後にも、河床が上がったために再び小規模な洪水が発生しました。大正噴火後の洪水では、10ヵ所以上の橋が流されています。現在の橋の強度は上がっているので、簡単には流されないと考えられますが、河床が上がることによって、周辺の道路に土砂が流出することは増えると考えられます。洪水があれば河川沿いの道路は通行が困難になり、近くに地下室や地下街などがあれば、そこにも土砂を

含む水が流れ込むと考えられます。

　結局、大噴火直後だけでなく、それから後も相当な期間にわたって土石流や洪水が起こり道路を使えない、すなわち人々が職場に通勤できない期間が続くと考えられます。災害復旧担当者の通勤が困難であれば、復旧計画の策定も重機を動かすことも困難になります。一方で、通勤の困難を回復するには、まず道路や河川などの社会基盤を整備しなくてはならない、という堂々巡りになってしまいます。このような事態にならないために、事前に計画や対策を打っておく必要がありそうです。

5.4　水道施設の盲点

　次は水道について考えてみます。桜島が大正３年クラスの大噴火をした場合、１週間程度の期間で、次のような事態が起きそうです。
　①浄水施設
　　沈砂池（水道水にするため、水をためて、砂や土を沈殿させる施設）が、屋根がないプール構造になっていれば、多量の軽石や火山灰が降り積もることになります。
　②電子機器での制御不能
　　今日の浄水場の施設は電子機器で制御されています。電気がストップすると、これらの電子機器は動きません。したがって、水から土などを除くための凝集剤注入設備も、塩素などの薬品を注入する機器も動かなくなりそうです。
　③送水ポンプの停止
　　停電になると、現在（平成27年２月）のままだと10時間程度で配水池の非常用電力はなくなります。燃料がなくなるからです。それは、これまで何回も述べましたが、多量の降灰があった時は、道路をタンクローリーなどが通れないからです。全国的な指針より多くの燃料を、桜島周辺の市町村では用意しておかなければならないで

しょう。

④配水管からの漏水

　噴火の後に大きな地震がある場合も想定されます。大正噴火の際の埋め立て地では、震度6程度の大きな揺れであったと推定されます。このような揺れがあると、水道管の継ぎ目や建物との継ぎ目が外れたり、あるいは古くなった水道管自体が破損する場合があります。鹿児島市内だけでも膨大な数の水道管や継ぎ目がありますので、かなりの箇所で漏水が発生すると考えられます。

このように、1週間という期間でも多くの問題が起こり得ます。飲み水がなければ、生命の維持も困難です。もし事前に各家庭や職場が多量の飲用水を確保していたとしても、断水が長びくと困難が予想されます。

　次は、1ヵ月程度過ぎた頃からの状況を考えてみます。

　大正噴火は1月12日に始まり、約1～1.5日で多量の火山灰が周辺地域に降り積もりました。そして、降り積もった火山灰が原因で最初の土石流・洪水が発生したのは、約1ヵ月後の2月8日です。その後は次々と土石流や洪水が発生しています。そうすると、どうなるのでしょうか。

　ここで1991年に大噴火したフィリピンのピナツボ火山の例を紹介します。図5.9は、ピナツボ火山の火口から約25km離れたバムバン（Bamban）という町を流れるバムバン川の様子です。1991年のピナツボ火山の噴火は20世紀最大の噴火ですが、火口周辺に降り積もった火山灰は桜島の大正噴火の時より少なく、降灰の厚さはバムバンで15cm程度とみられます。火口近くのもっと多量に火山灰が積もった地域を想定して薩摩半島の広さで比較したとしても、大正噴火よりずっと少ない降灰量です。ちなみにバムバン川の源流はピナツボ火山の山頂近くにあり、この付近では100cm以上の厚さがあります。鹿児

図5.9 土砂が流れ込み始めたバムバン川　噴火ピークから約20日後
出典：CHRISTOPHER G. NEWHALL RAYMOND S. PUNONGAYANN
　　　FIRE and MUD, 1996

島市の甲突川源流域ではそれより薄い30cmが想定されますが、甲突川は下流に行くほど桜島に近づきますので火山灰は次第に厚くなり、中流域で50cm以上、下流域では100cm以上になると考えられます。

　さて、バムバン川の写真を、順を追って見ることにしましょう。

　図5.9の時点（1991年7月5日）では、噴火のピークから約20日経過していますが、すでに上流から土砂を多量に含んだ水が流れてきて川底にたまっています。しかし、まだ橋の下にはすいぶん空間が残っています。この状態では直ちに川が氾濫することはないでしょう。ところが図5.10の時点（1991年8月16日）では、川には土砂がたまり、橋の下にはわずかな空間しか残されていません。このような状態になると、大雨の際に川はすぐに氾濫してしまいます。日本であれば、河川管理者はこの危険な状態を放置しておくことは無いでしょう。

　バムバン地域は15cm程度の厚さの火山灰しか降っていませんから、噴火からこの状態になるまでの約2ヵ月の間に、ブルドーザーやショ

第1章 噴火災害　73

図5.10　土砂に埋まったバムバン川　噴火ピークから約2ヵ月後
出典：CHRISTOPHER G. NEWHALL RAYMOND S. PUNONGAYANN
　　　FIRE and MUD,1996

ベルカーやダンプカーで川底の土砂を取り除けたはずだと思うのですが、実際の現場では取り除けなかった様々な事情があるのでしょう。

　図5.11は、2003年のバムバン橋の付近の様子です。噴火後12年経過してもまだ上流から土砂が流れこんでいるため、灰色ににごっています。バムバン川の最上流地域では、この噴火で火砕流堆積物（高温の火山灰が流れこんでたまった砂状の堆積物）が深い谷を埋めていますから、それが残っている間、大雨のたびに泥水となって下流に流れたとみられます。

　一方、鹿児島市の場合は、川の上流域に火砕流堆積物がたまる恐れはないので、水のにごりはもっと早く解消されるでしょう。しかし流れてくる土砂の絶対量は、噴火時の風向きと噴火の規模にもよりますが、バムバンの場合よりはるかに多いと考えられます。そして川に土砂が流れ込んでくると、浄水場は川から取水できなくなります。

　鹿児島市は、旧鹿児島市の範囲に浄水場が3ヵ所あります。河頭浄

図5.11　2003年の時点でもにごった水が流れるバムバン川
出典：Google earth, 2003

水場（処理能力約11万㎥）、滝之神浄水場（処理能力約4万㎥）、平川浄水場（処理能力約3万㎥）です。最も大きい河頭浄水場の取水口は、図5.12の白丸印部分にあります。甲突川の中流域にあり、50cm以上の降灰が降り積もると思われます。図5.10のバムバン川のように、川が土砂で埋まってしまうと取水できません。スムーズに取水できるためには、甲突川の上流からこの取水口まで川の水が流れてこなくてはなりませんが、大正噴火の後に起きた10年にも及ぶ土石流・洪水災害の発生を参考にすると、噴火後に河川からの取水は困難な時期が多いと言わざるを得ません。

　滝之神浄水場は、取水口がある稲荷川が急斜面を持つ狭い谷底を流れるので、斜面に堆積した火山灰や軽石が川に崩れてきそうです。さらに、大雨の際には上流から多量の土砂が流れ込んできて、河頭浄水場と同じように取水が困難な時期が続きそうです。

　平川浄水場だけは万之瀬川から取水しているので、この方面に多量

図5.12　20鹿児島市の河頭浄水場　　出典：Google earth　2014年画像

の火山灰が降らない限り取水はできそうです。ただ、河頭浄水場と滝之神浄水場の処理能力が合計15万㎥であるのに比較し、平川浄水場の処理能力は現在3万㎥です（計画は5万㎥）。鹿児島市内で1日に必要とする水道水は17万㎥ですから、平川浄水場だけではとても足りません。

　水道が使用できない時期が、例えば地震後の2日間とか津波後の数日間とか、一過性のことであればまだいいのですが、ここまで述べたように、何回も何年も続く場合は非常に困った事態になります。水道が使えなければ、あるいは十分な量の水の供給がなければ、企業、病院、学校、各施設、家庭などすべての分野で影響が出てきます。

　水がなければ下水の状態も悪くなります。上水と下水は表裏一体の施設ですから、上水が止まれば下水も使用できません。このことは家庭のトイレ、職場などのトイレも使用できないことを意味します。トイレを使用できないことがどれだけ人間生活に不便と不衛生をもたらすかここではふれませんが、トイレという軽い感じの名称以上に重要な施設です。

6．復旧の盲点

6.1 消防

　ここまでの内容で、火山噴火災害のうち多量降灰だけでも、地震や津波と異なる側面をご理解いただけたと思います。特に道路が簡単には通れる状態にできないことが最大のネックです。

　たとえば火事が発生した場合、消防車が厚さ20cm、あるいは5cmでも火山灰の上を走ることは困難です。大噴火が起きた時、風向きにより2割程度の確率で鹿児島市内中心部に50～100cmもの軽石の堆積が予想されます。この軽石が除去されるまでは、消防車は走れないでしょう。

　鹿児島市に消火栓について尋ねたところ、市内に6,679ヵ所の消火栓と防火水槽928ヵ所があり、そこから半径140mの範囲は消火できるとの回答でした。しかし、これらの施設は水圧が高いため一般市民が使用できるものではなく、消防隊員が専用の器具を持参しなければなりません。火災現場に車で急行することが困難な状況では、消火栓も役に立ちそうにありません。また、消火栓の水が水道局から送られている点も、さらに追い打ちをかけます。停電時には水道局のポンプ施設が停止してしまう可能性があるからです。

　災害時には必ず火事が発生します。通常の消火活動が行えなければ次々に火が燃え移り、まるで震災後の神戸市みたいになるかもしれません。さらに困ったことに、道路の通行困難な状況が長期にわたって起こると予想されることです。桜島は、今後100年以内（2020～2030年頃が確率が高いとする専門家の推測もある）に噴火することが確実と予想されています。消火活動ができなかったばっかりに、多くの民家が焼け落ちてしまう、場合によっては焼け野原になってしまうような事態はどうしても避けたいものです。ただ、それについての対応策の策定と実施は容易ではありません。時間も人もお金も必要です。

6.2 警察

大噴火による交通障害と停電が長期に起これば、消防と同じように恐らく警察も機能しないでしょう。非常時にこそ、警察機構の力を頼りにしたいのですが。

火山と大きな都市が隣接した箇所は、地球上でイタリアのナポリと鹿児島市しかないでしょう。ナポリの中心街から約10kmのところに火口があるベスビオ火山（標高1281m）は、世界で最も危険な火山の一つに区分されています。山麓や周辺に300万人が住んでいるからです。この火山は、ポンペイの町を壊滅させた西暦79年の大噴火が知られています。この噴火はプリニー式噴火と呼ばれ、多量の軽石や火山灰を噴出し、噴煙柱の高さが10～50kmぐらいにもなる大噴火です。大正噴火もプリニー式噴火です。ベスビオ火山では今後の100年間に大噴火が起きる可能性は27％だとして、地元の自治体では60万人を避難させる大規模な計画を立てています。

一方、桜島の場合は、今後の100年間に、ほぼ100％の確率で大噴火すると考えられています。鹿児島市は世界で最も危険な火山の一つと隣接しているのですから、しかもその火山は繰り返し大噴火を起こしているのですから、その噴火に対応するシステムがもっと出来上がっていていいように思います。

しかしながら参考となる前例がほとんどないため、鹿児島の危機を救う情報は世界のどこからも発信されません。国は、現時点では東南海地震や富士山の噴火による災害や首都圏への火山灰が重要で、小さい鹿児島市やその周辺地域のことを前者ほど積極的には考慮していません。

したがって、桜島を取り囲む自治体は、まずは自らその対応策を講じる必要があるでしょう。高度にＩＴ機能が発達し、複雑に機能が絡みあった都市では、ちょっとしたことでシステムがダウンします。そういうことも含めた防災対策を自ら立てるしかないのです。警察機能

や消防機能も同じです。噴火時とその後の移動手段、パトロール手段、情報伝達手段など、言葉にすればわずかな文字数ですが、膨大な検討と準備が必要でしょう。

鹿児島市側に多量の降灰があった場合、現時点の無対策の状況だと、数万人から10万人以上の方々が亡くなると考えられます。この数字は、東日本大震災の死者・行方不明者の約18,500名よりはるかに多い数字です。ソフト面と、社会基盤などのハード面も含めて、早急に準備を行う必要があります。

6.3　避難場所

桜島が大噴火した時の桜島住民の避難場所はすでに決められており、「桜島火山ハザードマップ」として配布されています。そこには避難港と救援に行く船舶の名前まで記載され、避難先も記載されています。避難先はすべて、鹿児島市中心部の桜島に比較的近い小学校・中学校・高校の9校です。市では、噴火時の救出がもれなくスムーズにできるようなチェック手段を構築しています。桜島に住む方々の避難は、大噴火の前に終了すると予想され、概ね順調にいくと考えられています。しかし、その避難にも盲点があります。

まず、避難先の学校に水も食料もない状態が考えられます。それは、ここまで見てきた鹿児島市内の被害予想から分かると思います。

風向きが鹿児島市内方向になると50～100cmの火山灰が積もり、大きな地震があると停電になる可能性があります。停電になると、水道がストップします。道路が通行できないために、大規模な断水になっても自衛隊の給水車が水を運んでこられません。同様に、救援物資も救援の人々もこられないのです。結局、避難所は「水もない、食料もない、救援の人もいない」という状態になりかねないのです。現状のままでは半分以上の確率でそうなると考えています。これが3日も続けばどのような状態になるかは想像できると思いますので、これ

以上書くのはやめます。とにかく、命を守る避難所が阿鼻叫喚の場所になりかねないのです。ここに桜島の大規模火山災害の特殊性があります。災害といっても、豪雨・地震・津波などとは全く異なる救援システムとハードの整備が必要になります。

ちなみに、もしも運よく水も食料も人も東日本大震災の時ぐらいは期待できたとします。それでも東日本大震災の時の「災害関連死」の数をみると、改善の必要があるように思います。「災害関連死」の意味は、『避難生活の体調不良や過労で死亡』することです。本来、避難生活ではなく、家庭にいれば死亡することはなかった方々です。その「災害関連死」の方々が非常に多いのです。復興庁のデータによれば、3ヵ月以内に1,838名、2年以内に3,018名の方々が亡くなっています。震災の死者・行方不明者が18,465名（2015年9月現在）とされていますから、2年以内に震災関連死で亡くなられた方は、死者・行方不明者数と比較すると16.3％に達します。

体育館に多くの人々が集められると、人数が多いほど、その中に必ず風邪やインフルエンザなど感染症にかかる方がでてきます。人が密集した閉鎖的な空間で、体力が弱った方々が多いと、感染スピードも速いものになります。避難生活者は、家族や家を失った悲しみや生活に対する心理的なストレス、不眠などで体力が弱ってきます。本人の責任ではないのですが、雑魚寝をしている大勢の中には大いびきをかく人も必ずいるので、安眠できる人は少数でしょう。さらに鹿児島の場合、特に夏場は高温・多湿の環境があります。体育館に大勢の人が集まった場合は、室内温度はどのくらいになるのでしょうか。現在の状況では、熱中症になりやすい老人も、病人も、一緒に避難するしかありません。この点についても解決策を講じる必要があるでしょう。

6.4　デマ

大正3年の噴火の後、当時鹿児島の最高学府であった第七高等学校

の教授が授業中に言った一言が、瞬く間に鹿児島市内全域に伝わって、多くの市民は鹿児島市から逃げ出しました。鹿児島市から伊集院方面に向かう街道には、延々と老若男女の避難者が続いたそうです。当時約7万人が鹿児島市に住んでいましたが、市内はほぼ空っぽになりました。歩兵第45連隊が出兵して夜警にあたるとの意見もあったようですが、他の署の応援の巡査など182名を加えれば、警察だけで市民の生命財産は守れるとして、警察が任務にあたっています。その時警察が特に警戒したのが、「放火・窃盗の頻出」です。今から考えれば避難する必要はなかったのですが、それでも鹿児島市はほぼ空っぽになったのです。

　当時の新聞記事を見てみましょう。

　「鹿児島市全滅」「鹿児島に一生物無し」「桜島分裂」「鹿児島市全域、津波に浚わる」。これらは、13日と14日の東京・大阪の新聞記事です。このような調子ですから、米国の新聞にも「死者6万人」「56万人の死者」など、誤報・虚報は多かったようです。時代を考えると、正確な情報が伝わらなかったとみることもできます。

　一方、デマは、それが「デマかもしれないけれど実際にあるかもしれない」と人々に受け止められた時に、人々に行動を起こさせます。火山災害の時には、地震・津波・海底噴火・山体崩壊など、いつ起こっても不思議ではない現象が複数考えられます。これらの現象が噴火後にないと言い切れる科学的な根拠は、専門の研究者でも誰も持ってはいないでしょう。たとえば「海底噴火で高さ6mの津波が来るそうだ」と誰かから聞けば、「デマだろう」と思っても、それを否定できる根拠がなければ、「とりあえず避難しておこう」と安全策を取る人が多いと思います。その人数が少なければ問題は大きくないのですが、数万人以上の人々が動き出すと危険です。パニックになって、先を争うような状態になれば、避難そのものが人命を奪うことになりかねません。デマ対策も非常に重要になります。

6.5　農林水産業の被害

　農林水産業に対する被害は、これまでの記述で想像がつくと思います。農業であれば、多量の降灰に見舞われた農作物や果樹が枯れて被害を受けることは言うまでもありませんが、大切な耕作土が軽石などに覆われて耕作できなくなります。また、大噴火後の地盤沈下で、海岸地域の標高が低い水田の一部には、海水が侵入してくるところもあるでしょう。

　噴火で、海の様子も変化します。海上に降る軽石と、本来は捨てられないけれども非常処置として海洋投棄されると思われる軽石は、最初のうちは海面に浮いています。そのために、小型船などが航行できなくなる事態が発生しますが、軽石がやがて海底に沈むと、今度は海底の様子が変わります。藻場があれば、藻の生育は難しくなります。ただ、大正噴火の後、多くの漁が不漁になった反面、一部地域の漁は豊漁となっています。

　当時と今日の農林水産業の最大の違いの一つは、桜島周辺で魚の養殖が行われていることと、大隅半島側で大規模な養豚や養鶏などが行われていることでしょう。農家にとって、家畜の健康と出荷時期の判断は重要な課題ですが、薩摩半島側や大隅半島側を問わず、大噴火後に家畜の生命を維持することは、相当困難と考えられます。道路が不通になり、家畜の餌を農家が手にすることができないからです。家畜は、大噴火前に未成育でも出荷せざるを得ない状況があると考えられます。先代から連綿として受け継がれてきた貴重な種牛は、事前に適切な場所に避難させるしかありません。

6.6　復旧のスピード

　商工業や観光がどのような被害を受けるか、これも想像がつくと思います。大正噴火の際には、社会構造が現代ほど分化・精密化していなかったためか、ある程度迅速な復旧処置が取られました。ブルドーザー

もなかった時代ですが、溶岩で埋まった瀬戸内海峡にわずか3ヵ月後の4月18日には、長さ480m、幅1.8mの仮の県道が造られています。他の路線でも、必要度に応じて早期の交通の確保がなされています。

　ところが、社会や制度が複雑で緻密になった今日、同じ期間で同じ工事ができるか疑問も持たれます。重機を使用すれば、工事そのものは大正の頃よりはるかに短時間で完成させることができるでしょう。しかし現代では、通常は工事計画書の提出、測量、工事の安全管理、電子的な記録の作成、そして地権者や各関係機関との協議や承諾など、多くの仕事と手順があります。これらを順序よく検討し承認しながら進んでいたのではとても間に合いません。緊急時には、国や県の出先機関単位で主導権を持ち、速やかに決定していく大きな権限がないと復旧は遅れる可能性があります。

　また今日、住民移住が、噴火後2ヵ月で実施できるでしょうか。大正噴火時には、噴火5日後の17日には、県から郡長へ「桜島罹災者の移住に関する協議」があり、2月28日には種子島への移住が決定、3月12日には27戸187名の方々が県の支援で種子島に向け出発しています。大噴火後わずか2ヵ月で移住が行われているのです。意思決定と対応策の実施が、今日より早いかもしれません。

　大正噴火では鹿児島市の被害が少なかったので、県の中枢機能が健在でした。そのため迅速な決定も可能だったかもしれませんが、降灰が薩摩半島側、特に鹿児島市に多量の降灰があった場合は、現状のままでは中枢機能が麻痺してしまうことが考えられます。中枢機能のマヒは、公共機関だけではありません。銀行、工場、事務所、学校、病院など多くの機関で降灰被害が発生し、被害の程度に応じた機能麻痺が発生すると考えられます。一言で銀行の麻痺と言っても大変です。預金を下ろせないとか、企業間の決済をスムーズにできないなどということは、現代においては大ダメージを受けてしまう事態です。

第 2 章　対応策案

現在、科学者が把握していることは、桜島のマグマ量が大正噴火の時の９割程度まで回復していることと、今でも年間1000万㎥程度のマグマの供給があるために、今後100年以内には、ほぼ確実に大正時代と同じように大噴火を起こすと予想されるということです。そして桜島を最もよく観測しているこの分野の専門家が、2020～2030年ぐらいに大噴火する可能性が高いと考えていることです。
　大噴火の時期がいつかはもちろん分かりません。５年後か10年後か50年後かもしれませんし、来年かもしれません。それは、マグマ量が100％回復した時点で噴火するとは限らないためです。
　ここまで噴火時の問題点を指摘してきましたが、やはり解決策がなければ片手落ちです。ただ、大噴火災害が及ぼす影響範囲は、農林水産業・工業・商業・サービス業など全産業とその周辺地域に住む方々全員（幼児から老人まで）に関係しますので、すべての影響について考察することはとうてい困難です。しかしながら、可能な範囲で解決策の考察をしてみます。

７．各家庭での準備

　現時点では、桜島が大噴火すると予測される少なくとも１日前に、桜島の住民を対象として「噴火警報」が出されることが想定されています。実際にはもっと早い段階で予報を出せる可能性もありますが、火山の噴火はその度ごとに噴火パターンが異なるので、空振りなどによる混乱が起こりかねません。信頼性がより高い情報を発信し、住民に確実に避難してもらうには、やはり噴火が差し迫った状況で警報を出さざるを得ない面もあります。
　噴火レベルについては、気象庁のホームページから、図7.1を引用しました。
　噴火警戒レベル４と５については、「避難準備」と「避難」となっ

平成19年12月1日運用開始

桜島の噴火警戒レベル

予報警報	対象範囲	レベル（キーワード）	火山活動の状況	住民等の行動及び登山者・入山者等への対応	想定される現象等
噴火警報	居住地域及びそれより火口側	5（避難）	居住地域に重大な被害を及ぼす噴火が発生、あるいは切迫している状態にある。	危険な居住地域からの避難等が必要。	●全島に影響する溶岩流や火砕流、噴石飛散。 過去事例 天平噴火（768年）、文明噴火（1471年～1476年）、安永噴火（1779年～1782年）、大正噴火（1914年） ●噴火が発生し、溶岩流や火砕流が一部居住地域に到達、あるいはそのような噴火が切迫している。 昭和噴火（1946年）の事例 溶岩流が黒神海岸、有村海岸まで到達
		4（避難準備）	居住地域に重大な被害を及ぼす噴火が発生すると予想される（可能性が高まっている）。	警戒が必要な居住地域での避難の準備、災害時要援護者の避難等が必要。	●噴火活動の高まり、有感地震多発や顕著な地殻変動等により、噴石や火砕流、溶岩流が居住地域に到達するような噴火の発生が予想される。 大正噴火（1914年）の事例 噴火開始の前日：有感地震多発 昭和噴火（1946年）の事例 溶岩流出の数時間前：噴火活動の活発化
火口周辺警報	火口から居住地域近くまで	3（入山規制）	居住地域の近くまで重大な影響を及ぼす（この範囲に入った場合には生命に危険が及ぶ）噴火が発生、あるいは発生すると予想される。	住民は通常の生活。状況に応じて災害時要援護者の避難準備等。 登山禁止や入山規制等危険な地域への立入規制等。	●火口から概ね2km以内に噴石飛散。 過去事例 1970年代後半から80年代、2000年10月7日の噴火等 ●火口から概ね2km以内に火砕流が到達。 過去事例 1984年7月21日：南岳山頂火口から約1.2kmまで到達 1979年11月20日：南岳山頂火口から約1.2kmまで到達 1967年8月22日：南岳山頂火口から約1.3kmまで到達 1939年10月29日：昭和火口から約1kmまで到達 ●地震多発や傾斜変動等により、火口から概ね2km以内に噴石飛散するような噴火の発生が予想される。 過去事例 事例多数
	火口周辺	2（火口周辺規制）	火口周辺に影響を及ぼす（この範囲に入った場合には生命に危険が及ぶ）噴火が発生、あるいは発生すると予想される。	住民は通常の生活。 火口周辺への立入規制等。	●火口から概ね1km以内に噴石飛散。 過去事例 事例多数
噴火予報	火口内等	1（活火山であることに留意）	火山活動は静穏。 火山活動の状態によって、火口内で火山灰の噴出等が見られる（この範囲に入った場合には生命に危険が及ぶ）。	状況に応じて火口内への立入規制等。	●火山活動は静穏、火口内および一部火口外に影響する程度の噴出の可能性あり。 過去事例 1950年～1955年のうちの静穏期

注1）ここでいう噴石とは、主として風の影響を受けずに飛散する大きさのものとする。
注2）レベル1～3では、南岳山頂火口及び昭和火口で発生する噴火を想定している。
注3）過去、海底噴火も発生しているが、海底噴火については、噴火地点が想定できないため記載していない。海底噴火が発生した場合は保全対象までの距離を考慮した上でレベルを決定する。
注4）レベル1～3では、南岳山頂火口及び昭和火口から半径2km以内を立入規制とする。
各レベルにおける具体的な規制範囲等については地域防災計画等で定められています。各市町村にお問い合わせください。

■最新の噴火警戒レベルは気象庁HPでもご覧になれます。
http://www.jma.go.jp/jp/volcano/

気象庁
Japan Meteorological Agency
平成25年3月

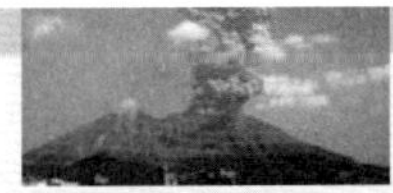

図7.1　桜島の噴火レベル　出典：気象庁HP,2012

ていますが、これを噴火開始の1日前に発表されても避難準備の時間はあまり取れません。

現在、桜島島内の住民避難の計画は、かなり進んでいます。しかし、桜島以外の地域については、詳しく検討されていません。本項では、桜島以外の方々の避難対策について、叩き台を考えてみました。

7.1 避難準備の基本的な考え方
7.1.1 早期自主避難

大正噴火では、島内の多くの集落で3日前から地震微動が感じられ、前日の1月11日には地震が活発化したため、安永噴火の言い伝えを参考にして、かなりの住民が避難を開始しました。その安永噴火は、9月29日の夕方から地震が激しくなり、2日後に噴火していますので、猶予は1〜2日しかないということが分かっていたのです。

現在はさまざまな観測計器が設置されていますので、大噴火の兆候はもっと早い段階で捉えられ、いつ噴火するか日時までは分からないけれども大噴火が迫っている現象として報道されるでしょう。しかし難しいのは、どの段階で避難するか、そのタイミングです。

桜島島内の場合、すでに大学や県・国土交通省大隅河川国道事務所・鹿児島市・垂水市・霧島市・姶良市、そして海上保安本部や自衛隊・警察・消防・赤十字のほか、NTT西日本や九州電力などでも、噴火時の対応策が練られています。行政として桜島島内に警報を出すのは、気象台などの予知を根拠として既定の手続きに沿って行うだけですので、ある程度スムーズにいきそうです。一方、噴火時の警戒対象範囲に設定されていない鹿児島市（薩摩半島側）やその周辺地域に避難勧告を出すことには、相当高いハードルがあります。それは、避難勧告を出した後に必要な具体的な処置方法が各行政機関で検討されていませんし、産業・経済や人心に与える影響と混乱が大きいからです。

行政の避難指示が、噴火が確実になるまで出ないとすれば、夏の高

気圧が優勢な時季であれば早めに自主避難するのも一つの対策でしょう。特に季節によって多量の降灰が予想される地域（この予測は難しいのですが）であれば、桜島の地震が活発になった段階で、自主的に避難するのも正解だと思います。もちろん仕事関係でゆとりがあり、避難先に親戚がいるなど、一定の条件が整った方々が主になるでしょう。あるいは、災害による混乱で命に危険が及ぶ可能性が高い病人なども、できれば早めに、遠方の病院に避難した方がいいかもしれません。

　避難時期は、桜島の地震が著しく活発化する前の段階がベストです。なぜかというと、多くの人が避難を開始すると、交通機関や道路も混雑してくるからです。余裕がある方の避難が早ければ、次に避難される方の交通機関も確保しやすくなります。ただし、早い段階での避難は空振りになることも考慮しておく必要があります。また、これはとても重要なことですが、避難する際には、郵便や新聞などの配達停止、自宅の防犯対策、電気器具のコンセントからの引き抜きとブレーカーの電気遮断、ガスの元栓を閉めるなどの対策を十分にとっておく必要もあります。

7.1.2　レベル4以上の避難

桜島近隣地域

　レベル4以上の段階になると、桜島島内では、かねてからの綿密な計画に沿った住民避難が始まるでしょう。しかし桜島東側に隣接した大隅半島側の集落、牛根境・百引・神祓川やその周辺地域は、噴石や火砕流の危険性が桜島火山ハザードマップで指摘されていません。現時点では「噴火警報」を出す地域とは考えられていませんので、桜島ほど綿密な避難計画も立てられていません。

　これらの地域は人口密集地ではないため、降灰が少ないうちは避難は可能です。ただ、緊急時に利用できる公共交通機関がほとんどありませんから、自家用車での避難が主体となり、避難先は公共的な施設になると考えられます。このような住民の自主的な避難がスムーズに

進むためには、避難所や避難経路などを記した資料を事前に準備して住民に配布しておくことが必要です。またこういう時には、直接被害を受ける地域だけでなく、湾岸4市の連携プレーが重要となることは言うまでもありません。

　問題は都市部です。霧島市・姶良市もそうですが、多くの人口を抱えた鹿児島市が、特に緊急避難の点で多くの課題を抱えています。桜島に噴火警報が出てから1日間では、60万人都市の人々が避難することはとても困難です。

夏場の影響

　ここからは、太平洋高気圧が優勢な真夏などの限られた気象条件のもとで桜島が大噴火し、多量の降灰が薩摩半島側の鹿児島市に降る場合を想定して記述します。北西の季節風が強い時季には、鹿児島市内に生命の危険を伴うような多量の火山灰が降ることは考える必要はないでしょう。このことは本書の重要な部分なので、もう少しふれることとします。

　東北地方の火山灰分布の例を図7.2に示しました。東北地方のみならず日本では、ほとんどの火山灰が、図7.2の左図（約12万年〜1万年前）にあるように、噴火口の東側に堆積しています。ところが図7.2の右図（約1万年前以降）では、十和田湖から南方向に火山灰が堆積しています。この時だけは、台風などで通常とは異なる向きの風が吹いたと考えられます。

　一方、太平洋高気圧が優勢な時季になると、北緯30度付近では偏西風がなくなり逆向きの東よりの風が吹くので、北緯31.5度付近にある鹿児島市は桜島の降灰に見舞われる確率が高くなります。その他、台風が南方海上にある場合も、桜島の降灰が鹿児島市の中心部に降ってきます。また梅雨時季には、梅雨前線が鹿児島市付近で北に移動したり南に移動したりするので、鹿児島市側に軽石が降る確率が、東北地方より各段に高いと考えられます。その大まかな目安が、夏場を中心

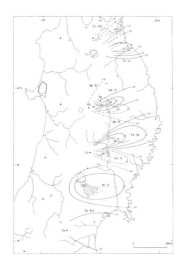 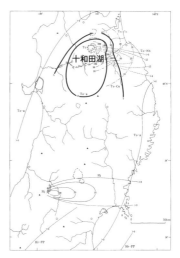

図7.2　東北地方の火山灰分布（左図12万年前から約1万年）
（右図約1万年前以降）
出典：新編火山灰アトラス,町田・新井,1992

として年間の2割程度の期間となります。

噴火の種類

　ここで、噴煙の流れ方について紹介いたします。桜島の大正クラスの噴火形式は、プリニー式噴火と呼ばれています。桜島の普段の噴火は、瞬間的な爆発が起きるブルカノ式に分類されますが、プリニー式噴火は、噴火が数十分から数十時間継続し、噴煙柱が高く上がります。

　噴煙柱の模式図を図7.3に示しました。火口から高度2〜3kmの範囲では、噴火ガスの推進力で噴煙は上に上がっていきます。その後は、噴煙の中に含まれるマグマの破片が持つ熱で温められて気体が膨張し、浮力で上昇します。やがて、噴煙柱の密度と大気の密度差がなくなってくると、上昇スピードは落ちてきます。この付近で噴煙は水平方向に広がり、これは「傘」（図8.4の右図に傘と記載した部分）と呼ばれます。

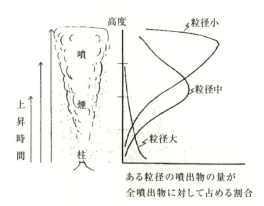

図7.3 噴煙柱の内部粒子　　出典：火山防災マップ作成指針,内閣府ほか

　この傘の部分には細かい粒子の火山灰が含まれており、風に乗って鹿児島県外の遠くまで運ばれますので、遠くの方々には困った現象ですが、錦江湾周辺に直接人命にかかわるほどの被害をもたらすことはあまり考えられません。一方、粒径が大きい軽石や火山礫は、主に火山周囲と火山の風下側に降ってきます。噴石や大きな軽石が降り積もるのは、主に大噴火が継続している時間帯とその直後です。

　ここで、近年起こったプリニー式噴火の継続時間を書き出してみます。1947年に噴火したアイスランドのヘクラ火山では、噴煙のピークが高さ30km（出典：早川由紀夫研究室 HP）に達し、1時間後に10kmまで低くなっています。1980年のアメリカのセントヘレンズ火山では、13分で25kmの高さまで噴煙が上がり、噴火は9時間続きました。1991年のフィリピンのピナツボ火山の噴火では、火山灰が24kmの高さまで噴き上げられたとされていますが（他の説もある）、約14時間で噴火のピークは終了しました。一つの目安として、大噴火でも、噴石や大きな軽石が降ってくる時間は半日～1日程度と考えられます。ちなみに桜島の大正噴火の際には約1日間軽石の礫が降ってい

ます。

　また、噴石は噴火時に火口の周囲に放物線を描いて落下しますが、火山礫と呼ばれるもっと小さく軽いものは上空の風に流されてやや遠くまで飛び、桜島の場合は鹿児島市内にも、条件によっては落ちてくる可能性があります。ただ、軽い火山礫は、落下速度が5（m/秒）程度と考えられているほど遅いものですので、屋根を突き破るほどの威力はないと推定されます。少なくとも、2階に畳がある場合は1階部分やテーブルの下なら、貫通して落下してくる危険はなさそうです。

　鹿児島市内側（これ以降、薩摩半島の鹿児島市街地側を鹿児島市内側と呼びます）

　以上の資料をご紹介したうえで、再度、鹿児島市に話を戻します。桜島にレベル4の「避難準備情報」が出ても、鹿児島市内側は直ちに危険な状態にはなりませんので、慌てずに行動することが求められます。

　鹿児島市内側に多量の火山灰が降る見込みがなければ、また大正と同じような噴火の仕方であれば、鹿児島市内側の人々に、地震・津波以外には生命に直結した危機はないと考えられます。地震で怖いのは、崖の崩壊と、塀や耐震基準が緩い頃に建てられた古い家屋の倒壊です。新しい団地や鉄筋コンクリートの建物、および斜面対策が終了した地域では比較的安心です。

　そうはいっても、海に近い区域では地震発生後に津波がある可能性も考えられますので、逃げ込めるビルなどを探しておくことも必要でしょう。あるいは、もっとも危険な最初の数日間は、海岸隣接地で津波が来る危険度が高い区域の方々は、遠方の地域に避難することも考えられます。

　問題となるのは、鹿児島市内側に多量の降灰があると予想された場合です。停電・断水・道路の通行不能など多くの困難が予想されるので、直ちに鹿児島市内から抜けだしたいと考えるのがごく自然な考え方です。ところが、配偶者の帰宅を待ち、子供たちの帰宅を待ち、親

（老人）も一緒に車に乗って避難するとしたら、市民が一斉に行動するとどうなるでしょう。車と道路の特性上、片側1車線の道路上で1台の車が動けなくなれば、その後に続く車はほとんど前に進めなくなります。そうでなくとも平日の朝夕に渋滞が起きる橋や交差点では、大渋滞が起きそうです。

　噴火までの猶予時間が長ければいいのですが、噴火が早まれば、非常に困った状態になります。確実な噴火時刻の予測は難しいので、予定より早い時刻に噴火が始まることも十分考えていなければなりません。

　軽石の被害

　また、風向きによっては空から軽石が降ってきます。多ければ鹿児島市内でも50cm以上、場所によっては100cm以上の降灰が予想されます。日置市でも30cmです。軽石は1～1.5日の間に、降りつもる可能性が高いと考えられます。

　もちろん、桜島に近い海岸地域でもなく、なおかつ台風の強風がなければ、ヘルメットで防げないような大きな軽石は鹿児島市内側には落下しないでしょう。ただ、軽石による直接の被害は少なくても、別の問題が考えられます。

　軽石が降り始めると、タイヤがスリップしたり、通行車両のために深い凸凹（轍）ができたりして、車は道路を走りにくくなります。噴煙の上昇気流に伴って降雨があると、さらにスリップしやすくなります。市内から郊外に抜ける高速道路、国道3号、10号、225号、226号、県道16号線、117号線、19号線、20号線、22号線、35号線など、多くの路線でどうしようもない状況が生まれます。

　ここでは夏場を想定していますから、昼間だと車内は高温です。まず、勤務先から自宅に帰ろうとする人たちの車列がストップしたとします。車を降りて歩いて帰宅しようとしても、上空の噴煙のために昼間でも真っ暗です。通常でも10km歩くのは簡単ではありませんが、足がめり込む軽石の道を歩くのは相当な厳しさでしょう。

時間がたつにつれて、さらに状況は困難になるでしょう。避難する人や自宅に帰る人々にも水や食料、排泄場所のほか、雨が降る可能性が高いので着替えの衣類も必要になります。この状況では、タクシーも救急車も現場に呼ぶことはできません。目的地に歩いてたどり着けるのは健常者に限られ、少数かもしれません。この時点で、多くの人命が失われる可能性もあるでしょう。

　さらに困った事態になるのが、その後の住民の救出です。厚い軽石に埋もれた車両が、たとえば国道3号の片側1車線に延々と並ぶと大変です。車を1台1台撤去して救出に向かわなくてはなりません。この時、仮に40cmの厚さの軽石に埋もれていると、除去する軽石の量も膨大です。

　ちなみに、大正噴火時の降灰量を西側に反転させた図5.1の状況ですと、桜島の降灰は、いちき串木野市でも15cm程度です。救助部隊が熊本方面からいちき串木野市にたどり着くのにも相当な時間がかかります。さらに重要な国道3号については、小山田から河頭付近までの2.7km区間は道路に崖と甲突川が隣接しており、車を撤去しても保管場所がありません。95%の車を撤去できたから、道路が95%機能するということはなく、交通障害になっている最後の1台まで完全に撤去しないと、道路をスムーズに走れる状態にはなりません。片側1車線の道路では道路機能が激減しますので、撤去作業が数日で終了する見込みはありません。車の所有者を探すどころか、傷つけないように軽石層から掘り出して運搬することも、限られた時間と人員では困難でしょう。なぜ、限られた人数かといいますと、開通した道路の先端部分でしか作業はできないからです。ちょうど何kmもの長さのトンネルでも、先端の切羽部分（トンネル工事で穴を掘る先端部）でしかトンネルを掘れない状況と似ています。脇道から入り込んで車の撤去作業をしようとしても、この段階ではまだ脇道の軽石は撤去されておらず、車両撤去部隊が入り込むことは困難でしょう。長い道路の

各所に大型ヘリコプターで救援部隊と撤去重機を運搬して、同時に車両の撤去ができればいいのですが、これにも事前に検討しなければならない多くの課題があります。
　道路が使えないことが、鹿児島市内の中心部に住む人々（市街地中心部や団地の住民）の生命を危険にします。飲用水、食料、救援人員、その他、病院の医薬品、復旧作業用の重機や燃料の緊急に必要な物資を運ぶ第１のルートを確保できないからです。
　したがって現時点では、桜島に適用されるレベル４の「避難準備情報」やレベル５の「避難」段階でも、なおかつ、鹿児島市内に多量の火山灰が降下し都市機能がマヒすると予想されても、車での避難はお勧めできないように思います。その時の避難法については、行政や警察や消防などが一緒になって、法律か政令で決めておく必要がありそうです。
　しかし、罰則がない緩い規則だと、守られない可能性があります。良質の情報がなければ、特に噴火による危険範囲と危険ではない範囲が明確に地域住民に伝わっていないと、混乱が起きそうです。人間は何にもまして自身の命を守る権利があります。空いた道路を自分だけ逃げようとする人が必ず出て、その行為を見た人が次々と車で逃げ出そうとすることも考えられます。このような緊急避難時の人々の行動によってパニックが起きないように、事前に必要な情報を広報して周知徹底する必要があるでしょう。

必要な情報
　それでは、どのような情報が必要なのでしょうか。
　まず、噴火の継続時間がどれぐらいになるのか、という予測です。大正噴火の噴煙のピークを参考にすれば、１～１日半程度が危険な期間ですが、安永噴火の場合には、桜島では1979年11月から1781年４月の海底噴火と津波発生まで、危険な期間が約１年半続いています。安永噴火の場合には、危険な箇所が鹿児島市内側では湾岸部に限られた

と考えられます。さらに、文明噴火になると、1471年から1476年まで断続的に噴火活動が続いています。5年もの長期に渡って避難することは、一般的には困難です。職場や学校もあります。できるだけ早い時点で帰宅したいと考えるのが自然でしょう。

　また、留守宅での盗難、火事など、避難中に起こりそうなさまざまな事態について、どう対処すればいいかという問題もあります。火事の場合は、消防車が厚い降灰の上を動けない場合はどうしようもありませんが、消防車が動ける段階では、人間が火事を監視することができます。消火器があれば、人が初期消火をすることもできるでしょう。

　筆者は、たとえ多量の降灰が薩摩半島側にあると予想されても、事前に水・食料・燃料・その他必要な物質を入念に用意し、十分な準備を行って自宅で待機することを考えています。その際に行政が用意しなければならない最大の情報の一つは、降灰量がどの程度になるまで家屋が大丈夫という情報です。

家屋倒壊の危険度

　降灰量と家屋の倒壊についての研究はあまりなされていません。富士山の噴火被害を参考に検討した富士山ハザードマップ検討委員会（2002、2004）の資料（図7.4）を引用します。

　図7.4では、洞爺湖温泉の比較的新しい保育所が、50cmの灰に雨が加わり屋根が崩壊したと記載されています（1978年）。一方、1707年の富士山の噴火では、須走村に300cmもの多量の降灰があっても、75戸のうち38戸しか倒壊していないとあります。両者にはずいぶん違いがありますが、これはどう考えればいいのでしょうか。

　まず、洞爺湖温泉の有珠山は、1977年に軽石を噴出し、翌1978年に火山灰を噴出しています。したがって、1978年の灰は軽石ではなく文字通り「灰」です。したがって、屋根に積もりやすかったと考えられます。この灰は、水を吸い込むとその分だけ重くなります。

　一方、「1707年の富士山の噴火」は、よく知られている富士山の山

腹に火口をつくった宝永噴火で、桜島の大正噴火とほぼ同じ規模のプリニー式噴火です。宝永噴火時の状況として、「富士山の東斜面には高温の軽石が降下し家屋を焼き田畑を埋め尽くした」と記録されています。須走村はちょうど富士山の東側斜面にありましたので、300cmもの軽石が降り積もったのです。

ここで、桜島の大正噴火について、鹿児島県立博物館の写真資料（図7.5、図7.6）を見てみます。写真番号270は「桜島の埋没鳥居」として有名な黒神村の高さ3mの鳥居で、1日で2mまで埋もれたそうです。

写真番号270では、鳥居の背後の民家は建ったままです。また、写真番号181、182では軒まで埋没した状態で、倒壊した家がほとんど撮

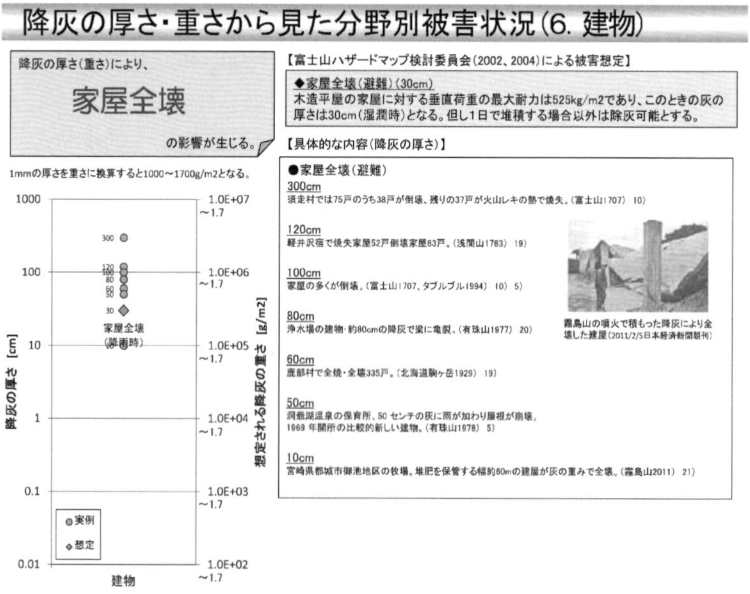

図7.4　降灰による家屋倒壊（桜島に適用する場合は検討の必要がある）
出典：富士山ハザードマップ検討委員会,2002,2004

影されていません。唯一、倒壊したかもしれないと推定できるのは、写真番号254の写真です。屋根まで完全に埋まって、丸い陥没穴が写っています。300cm以上の降灰量でしょう。

　写真番号270の状態（推定堆積厚さ２m）までは、わら葺の屋根に落下した軽石は屋根から転げ落ち、地面に堆積しています。写真番号

写真番号270

写真番号181

写真番号182

写真番号254

図7.5　桜島の降灰量と建物の被害　　出典：鹿児島県立博物館

図7.6　地震による鹿児島市の惨状　　出典：鹿児島県立博物館

1/2の勾配が緩い屋根でも、屋根に積もった軽石層は薄いようです。しかし3mも軽石が降ってくると、地面も軽石で埋まっていますから、屋根から軽石が転げ落ちることができません。このために写真番号254のように、家が潰れて陥没孔が出来たものと推定されます。

図7.7は、大正噴火の時の鹿児島市での被害の様子です。

これらの資料を現代に置き換えると、次のことが考えられます。

①急勾配の屋根では、軽石は屋根から地上に落下するので、100cmの降灰量が予想されても、鹿児島市内には降灰の荷重による倒壊の恐れはないでしょう。（一応、実験で確認する必要があります）

②勾配が緩い屋根では、どうなるかは不明です。（屋根勾配と軽石の積もり方の関係を実験で確かめる必要があります）

③住宅が、屋根に積もった軽石にどの程度まで耐えられるかは、住宅の耐震設計基準年度の違いや老朽化、および各住宅の構造で異なるので、指針をつくる必要があります。

降灰量 (積もった厚さ)	規模	想定される被害など	対処法
64cm	極めて大量	60%の木造家屋が全壊	堅固な建物に避難
50cm		30%の木造家屋が全壊	
32cm		降雨時、30%の木造家屋が全壊	
30cm	大量	降雨時、木造家屋が全壊する恐れあり	危険があれば避難
10cm	極めて多量	降雨時、土石流が発生	屋内退避
5cm		道路が通行不能	
2cm		何らかの健康被害が発生する恐れあり	
1mm以上	多量	車の運転は控える	外出を控えて窓を閉めるか、マスクなどで防護
1mm未満	やや多量	車は徐行運転となる	
0.1mm未満	少量	車のフロントガラスに灰が積もる	

図7.7　降灰量ごとの被害想定　　出典：横浜市防災計画 第5部, 火山災害対策, 2014

④仮に住宅が屋根に積もった軽石の重みで倒壊する場合には、倒壊前に、梁の曲がりや変形などが生じ、倒壊の前兆現象としての「きしみ音」などがあると考えられます。どの段階でどのように軽石を除去できるか、あるいはどのような状態になったら住宅から避難すればいいか、目安をつける研究も必要でしょう。

次に、図7.7の、横浜市の防災計画（2014年）から引用した図をご覧ください。横浜市は富士山の山頂火口から約80km も離れているので、噴火時の降灰は、軽石ではなく文字通り火山灰が主体になります。ここでは、降灰の厚さ30cm で、「降雨時、木造家屋が全壊する恐れあり」とされ、対処法として「危険があれば避難」と示されています。

首都圏や富士山周辺では、富士山の噴火に備えて「富士山ハザードマップ検討委員会」が組織され、ずいぶん詳しく検討がなされました。その中で、木造の平屋建てに重さがかかった時、最も壊れやすい部分が525kg/㎡の強さとされ、この加重に相当する灰の厚さとして、乾燥している時に45cm、雨水を吸ったときに30cm が提示されています。横浜市の防災計画は、この富士ハザードマップ検討委員会の資料なども参考にされていると見られます。なお、ここで使用している全壊という言葉は、罹災証明で建物の立て直しが必要という意味です（※1参照）。

※1【全壊の意味】
　　出典：災害に係る住家の被害認定基準運用指針,内閣府（防災担当）,2013
　住家がその居住のための基本的機能を喪失したもの、すなわち、住家全部が倒壊、流失、埋没、焼失したもの、または住家の損壊が甚だしく、補修により元通りに再使用することが困難なもので、具体的には、住家の損壊、消失若しくは流失した部分の床面積がその住家の延床面積の70％以上に達した程度のもの、または住家の主要な構成要素の経済的被害を住家全体に占める損害割合で表し、その住家の損害割合が50％以上に達した程度のものとする。

家屋倒壊について考える際に、富士山の火口から遠い横浜市では、火山灰は屋根から跳ねたり転げ落ちたりすることなく、雪のように積もります。しかも、厚く積もるにはある程度の時間や日数が必要です。その間、屋根の降灰を除去する時間的な猶予もあると考えられます。一方、桜島から10km内外の位置にある鹿児島市では、大噴火時に降るのはほとんど軽石です。もしプリニー式噴火のピークが10時間程度継続したとすると、軽石の大半は半日程度の短い時間に降ると考えられます。

　鹿児島市とその周辺地域においては、図7.7の「屋内退避」をどの程度まで拡大できるか検討する必要があります。たとえ10cm以上の降灰量が想定されても、軽石は火山灰より軽いうえ、勾配などにもよりますが屋根から転がり落ちるものも多く、雨が降っても細かい粒子からなる灰ほど重くならないはずです。

　このような理由で、前述の①～④に示した実験の結果を踏まえ、各住宅の強度に見合った指針や避難判断資料が整えられる必要があります。鹿児島市内に多量の降灰があった場合でも、基本的には、桜島島内など一部の地域を除いて、屋内避難の方が、総合的には合理的だと判断される可能性が高いからです。これから述べる内容も、基本的には屋内避難を前提に記述します。

7.2　各家庭の準備用品

　桜島の大噴火時に「屋内避難」する場合に必要となる物品は、大雨や地震の際に必要となる物品のほかに、長期間救援が来ないことも想定する必要があります。

　まず、阪神大震災のときに被災された方に聞いた「いざというときあったら良かったもの、なくて困ったもの」というアンケートから、防災用品のチェックリストがまとめられています。作成した㈱矢川原（注文住宅建築会社）のホームページから、引用掲載の快諾をいただ

きましたので、表7.1に引用します。

表7.1では、屋内避難が長期になる場合は想定されていませんので、以下に補足します。これは、各家庭が置かれている状況、たとえば降

表7.1 防災用品チェックリスト

品名		持出袋	備蓄	チェック
飲料水	人間が必要とする水はおよそ3リットル。できれば3日分用意。水は様々な用途があるのでできるだけ飲料水にはしないよう、ジュース等も合せて用意しておいた方がいい。緑茶もカテキンにより殺菌に使えます。	◎	○	
食べ物	缶詰(缶切りが要らないもの)、レトルト食品など保存が利くもの。加熱調理の必要のないものが◎。賞味期限を見て時々入れ替えるようにする。	◎	◎	
嗜好品	飴・チョコなど高カロリー食品。疲労時の糖分補給にもなり、子供を落ち着かせるのにも役立ちます。我慢できない方は煙草なども。	○		
カセットコンロ	予備のカセットガスも一緒に用意しておく。		○	
食器	皿・箸・コップなど、プラスチック製なら繰り返し使える。子供用スプーン・フォークセットなども。		○	
サランラップ	食器をラップで覆い使用すると、食器洗浄などで貴重な水を無駄にしません。傷口に巻き付けるとばい菌が入らないので応急処置にも有効。	○	◎	
アルミ箔	調理時の包装材。耐熱食器として利用。		○	
懐中電灯・ラジオ	予備の電池も忘れずに。できれば単三など、同じ電池の器具に統一する。	◎		
携帯電話充電器	電池や車のソケットなどから充電できるものなどいろいろ。自分の携帯に合うものを用意すること。被災直後は回線が混乱するので使用できないかもしれませんが、災害ダイヤルなどもあります。やっぱり貴重な連絡手段です。		○	
救急用品・常備薬	消毒液・包帯・バンドエイド・ガーゼなど。毛抜きも刺抜きなどに使えて便利。高血圧やぜんそくの方など、欠かせない薬も2、3日分確保しておく。	○	○	
生理用品	自分で用意しておかないと手に入りにくい。怪我の止血に活用できることもあるので多めにあると重宝します。		○	

品名		持出袋	備蓄	チェック
化粧品	非常時で化粧はできないかもしれないが、化粧落としと化粧水など最低限はやっぱり必要です。夏場を考慮して日焼け止めなども。		○	
日用品	歯ブラシ、歯磨き、石鹸、洗たく洗剤など。		○	
衣料・下着	夏は数が重要、冬は防寒のため。下着はライナーなどを使うと洗い替えが少なくて済みます。		○	
靴	運動靴。長靴もあると便利。脱出用に持出袋にも用意しておく。子供用も。	○	○	
ヘルメット・帽子	避難やその後の移動の際上から何が落ちてくるかわかりません。普通の帽子だけでもあると違います。特に子供用は必須。	○		
マスク	後片付け時のホコリを防ぐためだけでなく、避難時の風邪等感染予防にも効果的。	◎		
軍手	作業用はもちろん、防寒用としても。	○	○	
ゴーグル	ホコリっぽいところでの作業にあると重宝します。		○	
防寒用具・雨具	ほっカイロ、毛布など。エマージェンシーブランケット（薄くても高い保温機能を持つ特殊なアルミシート）なども有効。天気がいいとは限らないので、体をぬらさないように雨ガッパも。	○	◎	
乳幼児用品	ミルク、紙おむつ、おもちゃなど。子供の好きなお菓子なども。	○		
眼鏡・老眼鏡	予備の眼鏡を持出袋に入れておく。コンタクトは長時間は使えません。	○		
カメラ・フィルム	現状確認、記録として。保険などの調査の際にも被害の様子を写真で残しておくと有効。		○	
タオル	タオルとしてだけでなく雑巾や、また応急手当の包帯代わりにも。たくさん必要になります。	○		
ウェットティッシュ	除菌タイプがおすすめ。手を拭くだけでなく、洗顔や入浴代わりに顔や体をぬぐったりもできる。	○		
トイレットペーパー	食器を拭いたり、ティッシュ代わりにも使えるので重宝する。持出袋に一つ入れておくといい。	○		
ビニールシート&ロープ	雨よけ、風除けにも使える。		○	
ガムテープ・ビニール紐	ちょっと止めたり、まとめたり。用途はいろいろ。	○	◎	
工具　他	ナイフ、はさみ、カッター、スコップ、バールなど。裁縫用具、安全ピンなどもあると便利。		○	

品名		持出袋	備蓄	チェック
バケツ	水容器、消火の際にも使える。ビニール袋を入れて簡易トイレとしても。		○	
水を運ぶタンク	折りたためるタイプでしっかりとフタがしまるものがいい。		◎	
大き目のビニール袋	防水用としてはもちろん、ダンボールやバケツに入れてトイレや貯水タンクとしても使えます。		○	
マッチ・ライター	炊事などの際に。チャッカマンなどがあると火付けに便利。	○	○	
ろうそく・ランタン	キャンプ用のランタンなどがあると安全です。		○	
筆記具・メモ帳	情報や連絡先などのメモを取ったり、伝言を残したり。	○	○	
現金	連絡用に10円玉を多めに。最低限の現金を持出袋に入れておく。	◎	◎	
預金口座番号のメモ	通帳を紛失してしまった場合、口座番号とご本人確認が必要になります。	○		
電話番号メモ	家族の携帯・会社・学校、病院なども書き出しておく。普段電話帳代わりに携帯を使っていてもバッテリーが切れることもある。	◎		
保険証・運転免許証のコピー	怪我をして病院に行くといったことだけでなく、本人確認の身分証明書としても。	○		
地図・コンパス	道路が寸断したりした際の迂回路や避難場所の確認などにも。		○	
自転車	食料調達や地震情報の収集のために貴重な移動手段になる。		○	
キャンプ用品	あれば便利。テント、寝袋、バーベキューコンロ、炭、折りたたみイスなど。		○	

出典：㈱矢川原HP

灰が少ない地域や市街地の中心部、あるいは水を得やすい川の近く、交通を確保しやすい漁村などでは当然状況が変わってきます。家族構成や健康状態でも変わってきます。あくまでも、各家庭で準備される際の参考になればと考えます。

7.2.1 保険

　大噴火後には地震が発生する可能性が高いうえ、場合によっては火災が発生する可能性もあるので、地震保険や火災保険に加入されることをお勧めします。保険の種類によっては、火山噴火による被害（火災・家屋の倒壊・損壊・津波など）に対応できるものもあるので、よくお調べになってください。同時に、現在加入中の保険が広域的な火山災害にも適用できるか、確認されることをお勧めします。図7.6は、大正噴火後の地震で被害を受けた鹿児島市の様子です。保険は、「掛け損になったら幸せ」ぐらいの気持ちが大切かもしれません。

7.2.2 水の備蓄

　風水害の場合には、避難所に行けば何とか水が手に入ります。しかし、火山の多量降灰のケースでは、避難所に行っても手に入らない可能性があります。水道局の自家発電設備の電気が長時間止まれば、それは現実のものとなってしまいます。

　屋内退避の場合には、次のような準備が考えられます。

①飲用水１　20リットルの水を１ヵ月分程度

　１人の人間が１日に３リットルの飲用水を必要とするようですので、４人家族の場合は、

　３リットル×４人×30日＝360リットル　・・・　20リットル×18箱になります。

　１ヵ月という期間の設定に根拠はありません。長くともこの程度の時間があれば、水ぐらいは何とかなるだろうとの希望的観測が入った数字です。海岸部で地盤が液状化し、水道管の破断が懸念される地域や、道路事情が悪く救出部隊の到着が遅いと考えられる地域などでは、念のため、これ以上の用意をしておいた方がいいかもしれません。

②飲用水２　非常用浄水器の準備

　避難生活に必要な水は、飲用水のみではありません。食事を作る

時も手を洗う時も、トイレでも水が必要です。したがって、飲用水以外の水の準備も必要なのですが、ここでは万が一飲用水が不足することを想定してみました。その場合は、風呂に貯めた水やプールの水、庭の臨時タンクに貯めた雨水、川や池の水を使用しなくてはなりません。その際に、「災害用浄水器」があれば非常に便利でしょう。数千円ぐらいから数万円まで、いろいろな機能のものが販売されています。100万円を超えるものもありますが、停電時にも使用できる設備でないと意味がありません。なかには、多量の海水を淡水化できる装置もあります。エンジンが必要なうえ高価ですが、海岸地域では、このような設備がエンジンや長期間の燃料とセットで用意されていれば頼りになるでしょう。高価なものなので、町内会などで購入する方法もあるでしょう。

③一般生活用水の確保

　風呂に水をためても、一般家庭ではせいぜい200リットルです。とても１ヵ月間はもちません。赤ちゃんのおしめは「使い捨ての紙おむつ」を利用し、極力水を使用しない方法も考えられます。飲用水を利用する際は、口など衛生状態を保たないとならない箇所など最低限の洗浄に止め、原則的には、洗濯も水道水がくるまで、あるいは雨が降って多量の水を確保できるまでは諦めましょう。とても不便ですが、ほかに有効な手立てがなければ、しかたがありません。

　それでも、水洗トイレの水や食事の時の水が要ります。可能な人は、たとえば500リットル入りの大型プラスチック製の貯水タンクを庭にも置き、雨樋の高い位置から雨水が貯水タンクに流れ込むようにしましょう。この場合、雨樋の工事が必要になります。屋根に降った水が不足するなら、工事用のブルーシートを庭に敷き、くぼみを作って水を確保しましょう。工事用のブルーシートは安価で、保管に場所を取りません。とにかくこのような状態になったら、水の確保は最優先事項です。サバイバルの知恵を駆使して、各家庭の

人々が生き残るしかありません。近くに河川があれば、河川の水ももちろん利用しましょう。

④災害用井戸

　東日本大震災や阪神淡路大震災を経験した自治体では、「災害用応急井戸」の登録を進めています。万が一水道水の供給が停止した時、井戸水を雑用水（トイレ、洗濯、掃除用など飲用以外に使用する水）として近所に提供できる井戸の登録です。この登録が、家庭や企業を含めて公開されていれば、頼りにすることができるかもしれません。

　あるいは、事前に井戸を掘っておく方法もあります。家庭用の井戸であれば、車1台よりも安い金額で掘ることができます。ただし緊急時ですので、電気が来ない場合を考え、手押しポンプか、電動ポンプを使用する場合は自家発電機と大型燃料タンクのセットが必要になります。

7.2.3　電気の準備

　現時点では、大規模な停電が発生すると考えておく必要があります。電気にあまり頼らなかった大正噴火の頃と違い、現代は電気がないと生活できません。家庭では、携帯電話・パソコン・テレビ・ラジオ・調理器など、すべてのものに電気が不可欠です。停電が長時間続けば、噴火や避難に関する情報も入ってきません。地上回線も不通となれば、復旧支援の発信をすることもできません。（2010年の奄美豪雨では、地上回線と携帯電話回線の両方が不通となっています）

　通常の災害準備で必要とされるバックアップ電源としては、乾電池が考えられています。このほか、噴火災害の場合には1ヵ月程度の停電も考える必要があります。何しろ今のままでは、道路の厚い軽石層が除去されるまで車が通れませんから、停電の復旧作業は遅々として進まないと考える必要があります。

　長期の電源確保手段としては、非常用発電機が有効でしょう。価格

は４万円程度から数十万円以上するものまであります。購入のポイントを下記にあげておきます。
【非常用発電機などの準備】
　㋐機種の選定
　　もし購入できれば、最小の能力のものでも、電気がない状態に比べると非常に効果的でしょう。携帯電話の充電ができるし、テレビなどから情報を得ることができます。家庭用の小さなものから大きいものまで様々ですが、ガソリンを使用する小型発電機の場合で十数万円程度、小型のディーゼル発電機で70万円程度です。後者の場合には重量が170kgにもなります。噴火が迫って必要性が増してから購入したいものですが、その時点では売り切れになることが考えられます。
　㋑燃料の備蓄
　　停電が長時間続くと、燃料がすぐ底をつきます。多めに確保したいところですが、ガソリンや軽油の貯蔵には規制があります。火災などの際に爆発や大火災に発展することがあるからです。ただ、金属製の容器やドラム缶に保管すれば、ガソリンで40リットル未満、軽油は200リットル未満なら、貯蔵場所などに規制はありません。それ以上の保管は、消防法や市町村の火災予防条例の適用範囲になり、耐火構造の保管庫などが必要になってきますので、各市町村の担当窓口に問い合わせる必要があります。
　　40リットルのガソリンの保管があると、図7.8のガソリン燃料を使用する発電機で、65時間は電気の供給ができます。極力使用を控え、１日２時間だけ使用したとすると、約32日間は使用できることになります。ディーゼル燃料用の場合は、200リットルの軽油の保管があると、180時間程度は使用できそうです。
　㋒自家発電設備の点検
　　ガソリンを燃料とする発電機の場合には、ガソリンが劣化します

ガソリン燃料用　重さ12.5kg
0.9KVA　合計9Aまで　燃料消費0.61リットル/時

ディーゼル燃料用　重さ170kg
3.1KVA　合計319Aまで　燃料消費1.09リットル/時

図7.8　非常用発電機の例

ので、定期的に交換する必要があります。ディーゼルを燃料とする場合は、始動に使用するバッテリーの放電などがあります。いずれの方式でも、定期的に点検する必要がありそうです。

　このような非常用発電設備のほかに、図7.9に示した「発電鍋」なども、日本人によって開発されています。プロパンガスなどがあれば、鍋で煮たきしながら、同時に携帯電話の充電もできます。また、数千円台で購入可能な太陽電池パネルがついた携帯電話充電器は、非常用電源として威力を発揮できるでしょう。
　家庭によっては太陽光発電設備から電力の供給を受けることが可能な場合もあるでしょう。発電パネルに積もった灰を除去すれば発電は可能ですから、非常時には売電よりもサバイバル設備としての役割が期待されます。

7.2.4　食料

　食糧は、電気や水道、場合によっては燃料も使用できないことを考えて準備しておく必要があります。もちろん冷蔵庫では保管できません。非常食として様々なものが販売されていますが、それらの非常食は、1ヵ月もの長期間の利用を前提とはしていません。数日なら同じ

図7.9　降携帯電話機を充電できる発電鍋（左）と太陽電池パネル（右）

種類の簡素なものでも耐え忍ぶことができるでしょうが、長期間になると、つらいものがありそうです。

　家庭用ガスコンロのボンベやプロパンガスなどを十分用意し、スープや多くの種類の食品を温めて作ると、少しはいいでしょう。缶詰は長期保存が利く点でいいのですが、味が濃いので、別のスープなどと一緒に利用した方がいいといわれています。困るのは、通常の食品を食べることが困難な方々です。アレルギー体質の方、老人、子供など、それぞれの事情に応じて準備する必要があります。

　多量の火山灰（軽石）が降るか降らないかは、数日前か当日でないと分からないと推定されます。使用するかしないか分からない物品を事前に準備することはとても大変です。かといって、噴火が決定的になった段階ではもう品切れになってしまいます。したがって、早い段階で準備をする必要があります。5年以上、あるいは10年間や25年間も保存できる非常用保存食もあります。たとえば、27種類の食品が詰められている4週間（大人2名と子供2名）暮らせるセットが、約16万円で販売されています。価格は高いのですが、25年間保存できるので、生涯の生命保険に掛ける金額に比較するとわずかです。ただし、それでも家計の負担になるのは事実です。他の地域の一般災害の例では、公的な機関が2～3日で水や食料の提供をしてくれています。各家庭としては、一般災害の時の予備的な食料は1週間分もあれば十分

です。しかし桜島周辺地域だけは、1ヵ月分の備蓄が必要です。非常用の保存食品の購入は、公的な補助がないと進まないかもしれません。逆転の発想で、桜島の大規模噴火では、倉庫に多量の食料を備蓄していても、各家庭や避難所に必要な時に車で運べないことも考えられます。いっそのこと、各家庭を非常用食料の保管場所にしてもいいかもしれません。たとえば5年ごとに、備蓄品を配布するか、あるいはその備蓄金額を各家庭に税金から還付するか、何らかの検討が必要でしょう。

7.2.5 排泄物処理

人間は生き物ですから、食べたり飲んだりしたあと必ず排泄します。阪神・淡路大震災の時にも、水道が止まったために、水洗トイレが使用できずに困りました。家の中は不潔な状態になってしまいます。このため、阪神・淡路大震災の時にはずいぶん苦労されたようです。この教訓から、現在、いろいろな非常用トイレが販売されています。都市部では、水道が止まってしまえば、これも無くてはならない重要な品々でしょう。

7.2.6 医薬品

病気の方々にとって医薬品は非常に重要です。大噴火の後には2ヵ月ぐらいの期間にわたって薬を病院から入手できないことも考え、あらかじめ備蓄しておく必要があります。市販の薬なら薬局から買えばいいのですが、医者が処方する薬は、一般的には2ヵ月分出してはくれません。しかし、持病がある人にとっては、薬が切れると重篤な状態になるケースもあります。噴火前には、桜島周辺地域には、特別の準備や制度の適用が必要になります。このようなケースはこれまで少なかったので、あまり考慮されていません。噴火予知が難しい点を十分考慮しながら緊急に問題点を探しだし、桜島周辺地域に適用する制度を作成しておく必要があります。

7.2.7　地域コミュニティー

　鹿児島市のような都市部では、地域コミュニティーが希薄です。けれども、噴火災害が発生した時には、それぞれの地域で「住民の相互利益を維持」してもらわなくてはなりません。遠方の人々は、大噴火災害の時にはあまり助けにならない可能性が高いからです。

　ここまで、各家庭での準備について参考案を記載しました。しかし家庭単位で考えると、準備だけでもとても大変なことが分かります。さらに企業、学校、病院、老人施設と、地域全体を含めて対応しなくてはならないことを考えると、桜島に噴火を止めてほしいと思うのですが、そういうことはできません。桜島の噴火の元となるマグマだまりは、着々と噴火の準備を進めています。それに対して公共的な対応、すなわち国、県、市町村、自衛隊などや、電力会社、水道関係機関、土木関係団体の事前の検討が進んでいれば、停電も短期間で、道路も比較的早く通れるようになり、困難な日々が少なくてすみそうです。
　次に、そのアイデアについて記載してみます。あくまでも叩き台です。筆者は斜面防災地質とその対策工の専門家で、物流や産業政策の分野では素人ですが、桜島大噴火時の準備が現時点で進まないために、いくつかの叩き台を試案として記載いたします。

8．降灰除去

　多量降灰があっても道路が通行できれば、水・食糧・救援物質を被災地に届け、救援の人々が被災地に応援に行くことができます。道路は人間の体に例えると血管そのものです。体に必要な水・酸素・栄養などすべての物質を運んでくれます。この血管が、多量降灰後もできるだけ早く回復してほしいのです。道路は、普段は気づきませんが、実は社会と人々の命を支える最重要な社会基盤だったのです。

8.1 季節風が強い冬季や台風時の噴火

　このタイトルを設けたのは、桜島は、偏西風が吹いている季節に噴火する可能性が高いからです。これまで示してきたように、多量の火山灰（軽石）が大隅半島の垂水市・霧島市南部・鹿屋市北部・曽於市西部などに降るパターンで、このうち強い風が上空まで吹いているケースがここで述べる状件に該当します。台風による強い東風で鹿児島市内に降灰があるケースも、これと降灰パターンが似てきます。これらの場合には、次の対処が考えられます。

　新燃岳の噴火では、図3.10に示したように、狭い範囲に帯状に火山灰が降りました。この時のように、秋から春の偏西風が強い時季に加えて、さらに北西の季節風が強い時季や、台風の強風が吹いている時の噴火であれば、道路復旧には好都合なことがあります。それは、多量降灰範囲が狭い帯状になることです。

　たとえば、車が通行できない程度の降灰量がある地域が、幅10km長さ30kmであれば、図8.1に矢印で示したように、通行が不可能な区間の両脇から重機が侵入して、比較的少ない日数で降灰を除去できそうです。この地域であれば住民も道路も少ないので、県内全域から作業員と機材（ブルドーザー・トラクターショベル・モーターグレーダーとその運転手など）が集まり、分担して作業できるでしょう。また、事前に軽石の捨て場所を決めていれば、あるいは畑や田んぼに仮置きできれば、作業の進捗が比較的早いと考えられます。ただし、道路に放置車両が少ないという条件がつきます。

　このような点を考えると、風が強い時であれば、この地域の方々は比較的短時間で救援を受けられる可能性があります。人口が少ないので、救援物資も鹿児島市ほど膨大な量にはなりません。また、朝夕の通勤混雑がないことを考慮すると、噴火警報が出た段階で車で避難する方法も、この地域の方々には選択肢として残されています。自宅で退避するか、避難所に行くか、多量降灰区域から避難するかは各家庭

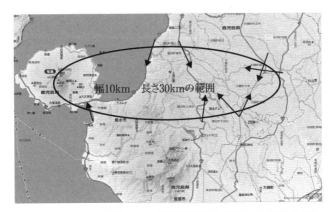

図8.1　降灰の幅が狭い時の道路清掃進入路例（大隅半島側）

の選択です。ただ、人口が多いところと少ないところ、噴火による直接的な被害が多いところと少ないところ、人力で水が汲める井戸や河川があるかないかでも、対応のしかたは違ってくると思われます。それについて事前に住民が把握しておくことができれば、人命にかかわるような混乱は減少するでしょう。

しかし、短期間ではどうしようもできないことがあります。農地や森林に降り積もった火山灰は簡単には除去できず、この地域の大きな資産である家畜の生存まで手が回るかは不明です。

次に、鹿児島市内の狭い範囲に帯状に火山灰が堆積した場合を考えてみましょう。

図8.2は、南方海上にある台風の東風で、軽石が薩摩半島側の狭い範囲に降った状態を想定しています。風が弱ければ幅が広くなり、風が強ければ幅が狭くなります。また、噴火規模が大きくなれば楕円の幅は広くなり、噴火が小さければ狭くなります。図8.2に示した範囲で道路を車両が通行できない場合でも、楕円の外が通行可能であれば、降灰除去も比較的短期間で終了できる可能性があります。噴火の時刻と風向きが予想できれば、多量の降灰があると予想される地域の

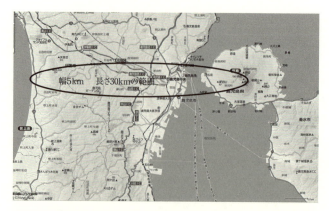

図8.2　降灰の幅が狭い時の道路清掃進入路例（薩摩半島側）

周辺に、降灰除去作業者（土木関係企業や自衛隊など）が待機し、降灰が始まったら速やかに降灰除去作業を行うことができそうです。

　図8.3は、2011年にチリで起こったプジェウエ火山の大噴火の時の火山灰の分布の様子です。噴煙を1万mまで上げ、軽石を100km離れた湖にも多量浮遊させた大きな噴火ですが、その時の噴煙が衛星観測されていました。この噴火では、新燃岳の噴火と同じように、噴煙が帯状に流れました。

　現在、東京大学の地震研究所が中心になって、噴火した時の火山灰の分布を3次元（高さ・縦・横）的にシミュレーションする研究が進んでいます。図8.4は新燃岳の例で、2011年1月の大きな噴火について、噴出物の性質や速度、大気の構造などのデータをコンピューター上で解析した断面です。図の右側は風がない時を示したもので、左側が、風がある時です。噴火があった1月26日～27日は風が強い日でしたので、新燃岳の実際の噴煙柱は左側の図のように風で流されました。その結果、図3.10に示したように、火山灰が帯状に狭い範囲に降り積もっています。

　このように噴煙柱の研究も進んできて、過去に噴火した火山の降灰

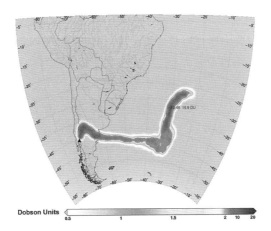

図8.3 プジェウエ火山の大噴火（2011年）の際の火山灰の分布
出典：ESA a gush of volcanic gas, 2011

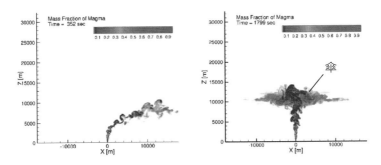

図8.4 新燃岳の噴煙3次元シミュレーション
出典：東京大学地震研究所, 噴煙柱形成数値シミュレーション

結果と、シミュレーションの結果が一致するようになりました。しかし、この点に関しては注意する必要があります。シミュレーションでコンピューターに入力する数値は、過去に起きたいくつもの噴火の数値から、想定する降灰パターンに合うものを選びます。それが研究なのですが、これから噴火する火山の降灰パターンについての予想という点ではかなり難しいのです。

まず噴火の規模が分かりません。次に、噴火した時の噴煙柱の内部構造が詳しくは分かっていません。すなわち、温度や密度、噴煙柱の内部に含まれる溶岩やガスなどの放出物の分布と濃さと速度が詳しくは分かりません。そして決定的なことは、噴火当日の噴煙柱の周囲の大気の動きが噴火ごとに違い、噴火の規模や噴火形式の違いで、噴煙柱の内部構造も変わることです。1回の噴火の最中でも、噴火の様子は変化します。

　このように噴火のパターンは様々ですので、火山灰の堆積範囲を事前に予想することは、今日のように気象予報が進んでもかなり困難です。したがって、図8.2は、狭い範囲に降灰がある時の一つのモデルと見ていただく必要があります。このような形に近い降灰の分布が、場合によってはあるかもしれませんが、実際はこれより異なる場合が普通です。その点も踏まえて、防災対策を行う必要があります。

8.2　風が弱い時の噴火

　風が弱い時には、噴煙が火口の真上に上がり、火山灰と小さな軽石を含む傘が水平に広がって図8.4の右側のようになります。このため噴火口の周辺は同心円状に、主に軽石が降り、桜島から離れるにつれて軽石のほかに火山灰が降り積もります。大正噴火で約10cmの火山灰が積もった志布志でさえ、火山灰層と記録されている厚さは、0.6～2.0cmしかありません。他は、軽石や火山砂礫となっています。したがって、車が通れないほど厚く降る地域では、その大部分が軽石であると考えていいでしょう。

　図8.5は、第1章の図を再掲載したものですが、夏の太平洋高気圧が発達して偏西風がなく東よりの風がある時季に、大正級の噴火をした場合の火山灰の分布モデルで、このようになる可能性があることを示した図です。図8.3とはずいぶん異なる状況がご理解いただけると思います。

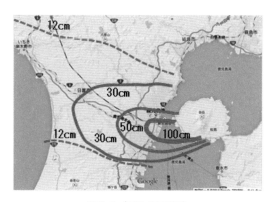
図8.5（図3.11再掲）

　救援にあたる車両がどの程度の降灰量で道路を通行できなくなるかという点については、判断する資料が少ないのが現状です。普通タイヤの車では、10cmも積もると通行は困難でしょう。どの程度の降灰量が自動車の走行限界か、内閣府の「広域的な火山防災対策に係る検討会（第3回）資料2」を見てみましょう。これには、有珠山の噴火の実例として、湿った火山灰の場合わずか2mmで、乾燥した火山灰の場合5cmで、スリップ発生により通行不能とされています。

　一方、南米チリで起きたプジェウエ火山の大噴火（2011年）では、軽石が20cm以上堆積している道路に車両の轍が残っています。轍は15cm程度の深さになっていますから、相当数の車両が通行したのでしょう。すると、20cmの軽石堆積量でも車両が通行できることになります。一言で車両といっても、車高が低い普通車、車高が高い車、四輪駆動車、履帯をつけたブルドーザーのような車までいろいろ種類があります。その違いにより、通行できる降灰の厚さも異なります。ここでは、災害用の四輪駆動車やトラックなどの復旧支援車両が中心になるので、10cmの降灰で通行できなくなると見なすことにしましょう。そして、10cmの降灰量までは通行できるとしましょう。ただしこの想定は、一般の自家用車に当てはめることはできないと考え

られます。もっと薄い火山灰の厚さで、通行が困難になるはずです。実際の例としては霧島の新燃岳の例も参考になりますが、ここでは割愛します。

さて、降灰厚さ10cmの範囲まで、何とか救援車両が近づけたとしましょう。図8.5で見ると、10cm程度の降灰に該当するのは薩摩川内市付近です。川内市から鹿児島市内までは直線距離で約35km、国道3号経由で約45kmもあります。一方、国道10号を見ると、錦江湾沿いの大崎鼻の北あたりで10cmの降灰量です。ここから鹿児島市役所まで、直線距離で約10km、国道10号経由で約12kmです。主要幹線で考えただけでも、鹿児島市内の中心部に到達するのに12kmから45kmの区間、灰を除去しながら進まないとならないのです。放置車両があると、除去作業はますます進まないでしょう。

このようなことも考えながら、何か対策はないか考えた結果を試案として書き出してみます。今後の本格的な検討の叩き台になれば幸いです。

8.2.1 車両の研究

現時点で、実際にどの程度の厚さの軽石の上を車両が走行できるかよく分かっていません。一般車両から自衛隊の四輪駆動車、ダンプカー、履帯がついた不整地運搬車まで、どの程度の降灰量であれば走行できるのか、早急に研究する必要があるでしょう。

道路の形状、つまり坂道（上り坂と下り坂）、カーブ（緩い場合と急な場合）、交差点などのほか、雨が降ることも想定しなければなりません。また、タイヤの違いでも走行性能が異なります。火山灰の種類も、桜島に近い所ではやや大きな軽石でしょうが、遠くなるにつれて小さくなり、上空でぶつかり合って角が少ない軽石になります。

このように、一口で走行実験といってもいろいろな状況が考えられます。それらを整理して、実用的に何を最も知りたいのか、いろいろな観点から実験することが重要でしょう。大切なことは、実験結果が

即ち成果ではなく、社会に役立って初めて成果となるということです。

このような実験を踏まえて、「厚い降灰の上を走行可能な車両の開発」がなされれば、噴火対策は大いに進むでしょう。あるいは現行車両の改良も可能性があると考えます。一般の四輪駆動車に幅広いタイヤを履かせたり、図8.6のような履帯（りたい）を装着したりして、低速度でも走行できるようにすると、50cmもの火山灰が積もった道路を通って、避難所に水や食料を運べるのです。鹿児島県内の公用車を四輪駆動化し、緊急時には履帯を装着することで、ずいぶん違った局面が生まれてくる可能性もないわけではありません。

8.2.2　交通規制の見直し

2009年（平成21年）に、福岡県大野城市の高速道路で土砂災害があり、道路管理者であるNEXCO西日本は有罪判決を受けました。斜面防災の専門技術者の観点から見ても、崩壊は切土（きりど）した斜面のさらに上の斜面で発生しており、現在の監視体制では予知できないと思われる事例でした。有罪判決の理由は、「事故の1時間余り前に付近の雨量が土砂崩れの危険性が高まるとされる基準値を超えていたのに、要員の招集が遅れたとして通行止めにせず、電光掲示板での情報提供もしていなかったことが分かった」ということです。それに対して、西日本高速道路は、「改めて亡くなったお二方のご冥福をお祈りすると

図8.6　雪国で履帯を装着した例

ともに、ご遺族に対して心からお悔やみ申し上げます。元役員などが送検されたことを真摯に受け止めるとともに、引き続き、捜査に協力していきたい。このような事故の再発防止にも努力していく所存です」とコメントしています。

　筆者は、この裁判の結果がさらに高速道路の交通規制を厳しくして、結果的に社会損失を招くことを懸念しています。それは、次の理由からです。道路の中で最も災害を受けにくいのが高速道路でしょう。鹿児島県では1993年に、8・6水害と呼ばれる大災害がありました。その時、鹿児島市につながる道路は土砂災害などですべて通行止めになり、一時的に鹿児島市は陸の孤島になりました。その中で最も被害が少なかったのは、高速道路の九州縦貫道でした。被害が少なかったので真っ先に開通したのですが、他の道路を通れないために、鹿児島市に通じる唯一の道路である九州縦貫道は、開通時に大渋滞になりました。筆者もその後この道路を通ってみたのですが、高速道路自体に被害はほとんどなく、あっても高速道路以外からのもらい災害でした。この様に高速道路は災害に強いので、高速道路が、非常時に最も安全な道路であろうと考えています。

　ところが、この立派な道路が、豪雨時には一般道よりも早く通行止めになるのです。高速走行のため危険があるという理由かもしれませんが、それでは困ります。高速道路を通れないために国道や一般道に迂回すると、もっと危険性は増すのです。実態は、最も危険な市町村の山道が最後まで交通規制がかからず（事情によりかけられず）、先に通行規制がかかった立派な高速道路から降りて、次によく管理された国道も通行規制がかかって通れない。そのために最も危険な一般道路を通らざるを得ないという姿が、これまでの経験から想像されます。桜島の大噴火を前にして、通行規制に関する噴火時のマニュアル整備も必要と考えられます。米国のセントヘレンズの噴火でも、新燃岳の噴火の際も、高速道路は早い段階から通行止めになりました。同

じ手法を桜島の大噴火時に取ってもらっては困ります。低速走行は当然のこととして、何とか最後まで高速道路が機能し（できれば通行止めになることなく）、最も早く開通してほしいものです。

　高速道路は、鹿児島市内の道路が通行不能になった時に、復旧車両を輸送するのに最も期待できる路線です。理由は、九州縦貫道には国道３号のように川に面した道路がありませんし、道路横に土石流が直接流れてきそうな渓流も抱えていませんので、土石流に襲われる危険性が少ないのです。国道３号も10号も、道路に面して高い急勾配の自然斜面があります（図8.7）。その斜面から、噴火後は晴天でも軽石が崩れ落ちてきます。降雨後はさらに軽石が斜面を崩れ下ります。高速道路以外の県道や市町村道でも、斜面だけではなく、道路横に土石流が流れてきそうな渓流を抱えており、状況は似たようなものです。

　通行止め規制をすれば、高速道路での事故はなくなるでしょう。でも事情があって急ぐ人は、高速道路が通れなければ、もっと危険な国道を通らなければならないのです。社会全体の事故の確率は、高速道路を通行止めにした方が逆に増えてしまいそうです。さらに、桜島大

図8.7　国道10号に隣接する急斜面（水平：垂直＝１：１）
出典：Google earth

噴火時には、鹿児島市内に取り残された多くの人命を救うために、決死の覚悟で通行しなくてはならない車両も少なくないでしょう。道路横の斜面やトンネル坑口に降り積もった軽石が高速道路に落下してくる危険を感じながらも、人命救助のために走行しなければならない車両も出てくることでしょう。事態は一刻を争う場合もあります。そのような時には、少なくとも高速道路を利用できるようにしてほしいと思います。

　法律との関係は分かりませんが、冒頭の大野城市の場合には、もし高速道路が通行規制されていたら、別の道路で被害を受けたかもしれません。あるいは被害を受けなかったかもしれませんが、少なくとも被害を受ける確率は、高速道路より一般道の方が高いでしょう。したがって高速道路の管理者には、通行止めの判断基準を再考していただきたいと思います。裁判の結果のみを見て、道路の通行規制を早い段階でかけてはならないでしょう。通行規制基準は、特に桜島の大噴火時を想定した見直しが必要ではないかと、強く思います。

8.2.3　土捨て場

　さて、高速道路をできるだけ通行可能な状態にしてほしいと書きましたが、現状では大きなネックがあります。それは、土捨て場が用意されていないことです。これは他の国道や一般道でも同じですが、桜島の大噴火による降灰が薩摩半島側に来ることがほとんど想定されていませんので、当然といえば当然です。しかし、今後100年以内に2割程度の確率で発生し、それが最悪10万人以上の方々を生命の危機に陥れる可能性があるとすれば、やはり準備はしておいた方がいいと思います。この100年でそのような危機が来なくても、次の100年や、それ以降は、やはり繰り返し検討と準備が必要になってきます。

　現時点では軽石の海洋投棄はできませんが、危機的な状況なら、関係大臣の許可を得て海洋投棄を行う必要も出てくるでしょう。ところが、海には養殖業者や漁業権を持った漁師などが生活しています。軽

石は最初のうちは海面に浮き、船舶の通行に支障となる場合が考えられますので、その方々との事前の調整も必要でしょう。事前の準備や約束事がないと、だれも軽石を海洋投棄できません。また大臣に許可を得ようとしても、資料の作成や検討に時間がかかります。仮に、非常にスピーディーに、3時間で大臣の「海洋投棄許可」が出たとします。ところがこの3時間の間に、道路には軽石が堆積し、トラックは通行不能となり、海洋投棄したくてもできなくなるのです。万事休すです。3時間前に大臣の許可が下りていれば、道路の通行を維持できたかもしれません。事前の準備が重要であるというのは、このようなことも指しています。仮に大臣の許可が下りても、末端のトラック運転手までその情報が届くのにどのくらいの時間がかかるでしょうか。早くても数時間はかかるでしょう。したがって、「桜島が大噴火したら、その時点で自動的に大臣の海洋投棄の許可が下りる」といった災害復旧手法の確立も必要でしょう。

　個人の権利が強くなった今日では、緊急事態においては、最低限の強権力も必要と思います。そうでないと、多くの方々の生命まで奪ってしまうことになりかねません。このあたりのことについて、大噴火を想定したもっと踏み込んだ法律が必要でしょう。

　たとえば、他人の所有物である道路上の放置車両を勝手に移動することは、東日本大震災時には非合法でした。しかし自衛隊は人命救助の必要性から、上官が見ないふりをして作業部隊が放置車両を移動し、道路を通れるようにしました。法律違反ですが、ごく自然な行為です。この教訓をもとに、災害時には放置車両を移動してもいい法律が2014年に作られたことは、先にふれました。

　多量降灰を原因とする緊急時には、平時では考えられないほどのひっ迫した事態があります。その時、人命の救出がスムーズにいくような法律が、このほかにもできることを願っています。

　とにかく、60万人都市がこれほど厚い降灰に覆われる危機は、近代

社会では世界に前例がありません。一般的な災害の延長線上では考えられないような想定に立った法律（地域限定の法律でもいいのですが）が必要になってくるのです。筆者はこの方面の専門家ではありませんが、大噴火の後にはいくつもの法改正が必要になると推測しています。その法改正を、大噴火の前に行ってほしい思いがあります。それによって、大噴火による被災をより軽減できるからです。

8.2.4　降灰除去法の検討

社会を人体に例えると、道路が血管であり、まさに水や食料や救援物資を運べる最も重要な役割を担っていることは前にも述べました。それでは、その道路に多量の降灰があった時、できるだけ早く道路を復旧できる方法はないものでしょうか。そのための叩き台を考えてみました。

降灰中の灰の除去

　降灰の厚さが10cmを超えると、ダンプカーでも通行困難になることが予想されます。

　仮に10cmまではダンプカーが通行できると考えてみます。多量の軽石は、数時間から1日ほどで降り積もるので、降灰の最中にも軽石を除去できれば、道路の機能を維持できます。100cmの降灰がある地域で、軽石が5時間降り続くとした場合、30分ごとに軽石を除去すると、10回除去できることになります。均等に割ると、1回当たり10cmです。この厚さを除去できれば道路機能を維持できます。半日（12時間）で100cmの軽石が堆積したとすると、単純計算では1時間当たり8.3cmです。この量の軽石を降灰中に除去できればいいわけですが、果たしてうまくいくでしょうか。実際の作業と問題点を想像してみましょう。

　桜島の降灰が「降り積もる地域の予報」が必要になります。火山がいつ噴火するのか、少なくとも半日単位で、できれば1日以上前に分かればいいのですが。また同時に、気象台の風向き予報（低空

から高空までの予報）と照らし合わせると大まかな降灰範囲の予想がつきますので、「多量降灰地域に、降灰除去部隊を事前に配置しておく」という方法が考えられるでしょう。部隊と書きましたのは、鹿児島県内はもとより全国の建設事業者のほかに、自衛隊や警察・消防の力も借りたいと考えるからです。

　噴火が始まる前に道路に降灰除去部隊が配置され、降灰が始まると同時にショベルカーなどで軽石を掻き集め、ダンプカーに積んで捨てに行きます。現状では土捨て場がありませんし、土捨て場を確保するにしても膨大な敷地が必要になりますので、海に捨てざるを得ないことになります。

　そうすると、困った状態が生まれます。一つは、海岸沿いに降灰運搬車両が集中するので道路が混雑することです。この点からは、やはり海とは反対の陸側にも土捨て場が確保されていた方がいいでしょう。

　もう一つの課題は、錦江湾に多量の軽石が浮遊することです。特に、風向きによっては軽石が海に吹きだまり、大島航路の大型船も軽石の浮遊と堆積のために、運航に支障が出ることも考えられます。もちろん、漁場への影響もあります。

　さらに、除去路線を選別する必要があります。高速道路や国道などの幹線道路には、集中的に部隊を展開する必要がありそうです。それは、幹線道路を確保すれば、その後支線の降灰除去も比較的しやすいからです。幹線道路の降灰除去が進まないと、支線での除去もできません。降灰地域外と連絡するためにどの道路を先に通し、その後、どの道路の降灰を除去するか、いくつかの降灰パターンで区分した計画があればいいでしょう。そして、たとえばA道路の①区間は甲の土木企業の分担で、②区間は乙の担当でと、それぞれ担当区域を決めておくこと。さらに、多数の重機やダンプカーが交錯しますから、降灰除去作業中の通行手順も作成して、シミュレーションを行いながら改善

していく必要があるでしょう。ダンプカーが渋滞で立ち往生したら、計画は水泡に帰すことになります。また、降灰を除去する道路に放置車両があると、作業は非常に困難になります。放置車両の撤去については、繰り返しになりますのでここではふれません。

　降灰をスムーズに除去し、運搬できる車両の開発が望まれます。たとえば、軽石を先頭部で吸い込んで、後方部からダンプカーなどの車両に軽石を高速で積み込む専用車両などの開発が進めば、桜島だけではなく、富士山や他の火山でも使用できるので良いと考えます。

　幹線道路の降灰除去が終了したら、次は支線です。支線といっても、鹿児島市内には非常に多くの道路があります。どの順序でどの道路を復旧させるか、どの道路を走行して灰を捨てるか。事前の計画作成と、訓練の実施が必要でしょう。このような計画が報道されることにより、住民は放置車両の重大さをより理解し、道路に車両を放置や駐車させないようになり、いざというとき作業がよりスムーズにいく可能性が出てきます。発生確率2割前後の事態に、そこまでやる必要があるかとのご意見もあるかもしれませんが、数年に1回程度の訓練を行えば、行わない場合に比較し、得られる効果は非常に大きなものでしょう。1回だけでの訓練でも多くの改善点と課題が浮かび上がると考えられます。

8.2.5　船や新幹線での物資運搬

　ここまでは物資の運搬経路として道路のみを考えました。降灰がある中では、飛行機やヘリコプターは使用困難です。したがって、陸の孤島と化した大型団地にヘリコプターからの救援物資を投下することは、噴火災害の場合にはできないと考えておいた方がいいでしょう。風向きが変われば使用可能になるケースもあるかもしれませんが、運べる物資の量などの制約からも、基本的には補助手段としての位置づけでしょう。自衛隊や米軍などの大型ヘリを多数使用できれば、多量の荷物を運べますが、着陸時に軽石層の上に降り積もった火山灰が舞

い上がります。これはあらかじめ水を撒いていれば防げるのかもしれませんが、その水もどれだけ確保できるかわかりません。このほかにも、ヘリコプターの空気取り入れ口のフィルターに火山灰が詰まる問題やエンジントラブルの原因になるなど、多くの課題がありそうです。

　いろいろな困難がある状況の中で期待できるルートが二つあります。一つは海です。鹿児島市は錦江湾に面しています。海上輸送なら、ある程度の大きさの船であれば、軽石が海面に浮かんでいても運航できますし、港の機能さえ何とか維持できれば、鹿児島市の北部から南部まで15kmも続く港湾は有力な物資輸送路となり得ます。初期の段階では人命救助や復旧に必要な物質・重機を、周囲から孤立した鹿児島市内の中心部に直接届けることができます。現在の状況では恐らく不足すると考えられる石油類も、小さなタンカーで運べば、少なくとも港の近くでは手に入れることができる可能性が出てきます。ただ、一時的とはいえ港を物資運搬の拠点とするには、それなりの検討と準備が必要でしょう。

　もう一方のルートは、新幹線です。他の鉄道が降灰に埋もれ、線路横の斜面から軽石が崩落して通行不能となる場合が多いことと比較すると、新幹線は圧倒的にトンネル区間が多いので、短い明かり区間（トンネル以外の区間）の対策を実施すれば、早期に通行可能になると考えられます。対策としては、明かり区間での軽石の除去とトンネル坑口に堆積する軽石の除去などが考えられますが、トンネル坑口の崩壊土砂についてはすでに対策が取られている箇所が数多くみられます。その他の区間は、高架橋区間が多いので、降灰を線路から吹き飛ばしたり、すくい上げたりして除去する方法が、有効だと考えられます。ただし、そのための専用車両の開発が必要ですが、除去スピードを落とせば、現在の技術水準でも早期に実現できると推測されます。

　一方、新幹線のルートを用いて多量の物資、つまり車両・重機・

水・食品・石油製品などを運ぶ車両が必要になります。60万人都市の保険として、このような車両を用意しておくのも一つの方法でしょう。桜島に限らず、富士山が噴火した場合もこの車両は使用できそうです。富士山の噴火は日本の大動脈を分断しますから、富士山用に用意したものを、桜島の噴火が起きそうな時には借用させていただいてもいいかもしれません。日本全体を含めた火山防災対策としての準備が望まれます。

8.2.6　連携のシミュレーション

桜島の降灰が鹿児島市側に多量に降ってきた場合、道路に降り積もった降灰の除去対策が緊急課題になります。降灰対策ではこのほか、民家の屋根や水源地の取水口付近、さらに農地や森林など多くの現場があります。それは関係機関に任せるとして、ここでは、道路の降灰除去作業における各機関の連携について考えてみます。

多量の降灰があり、数十万人の命が危険に曝されたときは、ありとあらゆる機関の支援をもらいながら、人命の救出に当たらなければなりません。その復旧の要となるのが、道路の降灰除去ですが、対応が必要とされるのは、国（内閣府・国土交通省・総務省・法務省・防衛省・保安庁・気象庁その他）と、県（危機管理・防災・社会基盤・農林水産業・消防・警察・医療・学校その他）、各市のほかに、大学関係機関、土木関係の企業、赤十字、高速道路・輸送、報道関係、農業・林業・水産業・商業・工業、電力・ガス・石油、金融などの業界団体など多岐にわたります。そして、米軍にも応援要請するとなると、さらに複雑になりますので、噴火前に、具体的な組織づくりと、噴火パターンごとの対応基本要領の作成が必要と考えられます。

東日本大震災の場合には、3月11日の震災から3ヵ月あまり経過した6月27日に「東日本大震災の復興を担当する大臣」が決まりました。復興のための法案を作成して成立するまで9ヵ月を要し、12月に成立しました。東日本大震災を引き起こした大地震が起きることは、

なかなか事前には分からないことでしたが、桜島の大噴火災害は、100年以内にはほぼ確実にあると考えられている災害です。規模も被害地域も現段階では予想できませんが、いくつかの降灰パターンに区分し、各機関が連携して対策にあたる基本方針やマニュアルが急いで作られる必要があると考えます。

　それは、東日本大震災では、被災後の初期段階で多くの混乱があったからです。たとえば、大地震の後に、これから町を襲う大津波の実態が住民によく伝わらなかったこと、このために多くの方々が命を落とされたこと、消防関係者や防災関係者にも大津波の実態が伝わらなかったこと、原子力関連で混乱があったこと、スピーディ（SPEEDI）など避難に有益な情報の公開がなかったことなど、多くの課題が浮かび上がっています。これらを参考に、噴火災害の場合の対応策もあらかじめ決めておいた方がよいと考えます。

　東日本大震災から4年以上経過した現段階でも、プレハブ型仮設住宅の入居者が約8万人もいることを考慮すると、どのような噴火であっても桜島では半分程度の家が消失する可能性が高いことから、噴火後の住民の移転先などの検討が現段階でなされていてもいいのではないかと思います。

　とにかく、東日本大震災では約1万8500名の死者・行方不明者が出ましたが、それでも被災後は1日単位で救助と道路復旧が進みました。鹿児島市内に多量の降灰があった場合、具体的な検討と対策を行っていない現状では、その10倍もの死者を出してしまう可能性もあります。そして、慣れない災害で道路開通に手間取り、そのために救助が進まなければ、市民の生命は1日単位で深刻な危機に曝されてしまうという、東日本大震災とは逆のパターンになってしまう可能性が高いのです。

9. 社会基盤

国民の生活や仕事の上で必要となる道路・河川・鉄道・橋・上下水道・電気・学校などを社会基盤施設（インフラストラクチャー。略してインフラ）と呼びます。ここでは、大噴火災害の被害時の社会基盤対策について考えてみましょう。

9.1 流出土砂の抑制

桜島が大噴火した時に、軽石を主体とした火山灰が広範囲に厚く降り積もること、そしてその火山灰が斜面から崩落し、土石流として河川や周囲の低い土地に流れ出す危険性があることを、1章5.3に記載しました。ここでは、その対策案について考えてみましょう。

厚く降灰が堆積した斜面では、雨が降る度に堆積した軽石層が崩壊し、あるいは雨水の流れで軽石層が削られます。そして、軽石と火山灰を多量に含む土砂は標高の低い場所に移動します。周囲に比較して低い場所は、谷、渓流、河川です。標高が低くなればなるほど多量の火山灰が流れてきやすくなりますが、まず上流側について見てみましょう。

図9.1の左図は、砂防ダムを正面から撮影した写真です。左図では、

図9.1 砂防ダムの形と災害防止事例
出典：左図（島根県HP）右図（鹿児島県HP）

砂防ダムが2ヵ所造られています。砂防ダムは、水をためないダムです。山が崩れると、谷筋を一気に土砂が流れてきます。この土砂が集落を襲うと重大災害になりますが、図9.1の右図（鹿児島県HPの例）では、上流側からの土石流の土砂を砂防ダムが捕捉しています。このために、砂防ダムより下流側には土砂が流れ出していません。一方、砂防ダムより下流側に流入した土砂は、民家の方まで流れ込んでいます。もし、上流側の砂防ダムがなければ、この時の被害はもっと大きくなっていたでしょう。

　砂防ダムは、土石流を止めることができる効果的な施設ですので、できるだけ多くの渓流に設置できればいいのですが、どこでも建設できるわけではありません。砂防ダムの上流側に土砂が堆積する窪んだ地形（谷地形）がないと、土石流を止められません。この点が砂防ダムの建設場所を選定する際のネックです。また、設置には相当の予算が必要になります。高さ14mの砂防ダム1基で1〜4億円が目安で、さらに工事用の道路や付け替え道路なども含めると、場合によっては建設費が2倍になる場合もあります。この点も、公共工事の財源が限られているのでネックとなります。

　過去に2回の土石流災害があった鹿児島市竜ケ水地区の空中写真を見てみましょう。図9.2は竜ケ水駅付近の2012年の状況ですが、鹿児島8・6水害で土石流が発生した谷（図9.2）には、砂防ダムが建設されています。この状況であれば、もしも同じような豪雨災害が起こったとしても、被害は軽減されるでしょう。ただ、大噴火による多量降灰では、次の点を解決する必要があります。

　①軽石は繰り返し堆積するので、砂防ダムの内部に堆積した土砂を繰り返し除去する必要があること。②豪雨の際には、砂防ダムの規模を超える土石流が発生することも考えられるので、近隣住民の避難は必要であること。③砂防ダムが守ることができない民家があることを周知しておくこと。例えば、図9.2に楕円で示した家の裏には急斜面

があります。背後の斜面が急勾配であれば、降り積もった軽石が崩壊しやすく、雨が降らなくとも噴火直後から崩壊が発生しますし、その後、豪雨があれば、大規模な崩壊が発生すると考えられます。

この民家裏の斜面の崩壊は、竜ケ水地域だけの事ではなく、背後に

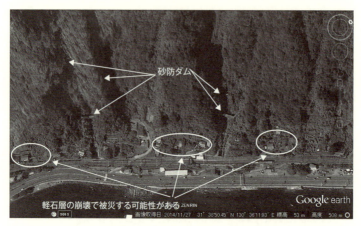

図9.2　砂防ダムの形と災害防止事例（鹿児島市竜ケ水地区）
出典：Google earth より作成

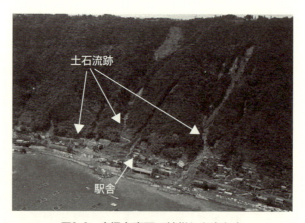

図9.3　鹿児島豪雨で被災した竜ケ水
出典：「平成5年度鹿児島土砂災害記録」鹿児島県土木部砂防課

斜面をかかえた錦江湾周囲並びに、厚く火山灰が降り積もる鹿児島県内の全地域で起こり得ます。例えば、図9.4は、鹿児島市北部の土砂災害危険箇所の情報を、鹿児島県のホームページから引用したものですが、灰色で示されている何百ものエリアがすべて、土砂災害危険箇所です。背後に谷がある地点では土石流の危険があり、民家に急斜面が隣接しているときには、降り積もった軽石が崩れ落ちてくることを考えておく必要があります。特に、多量の雨が降った場合は、雨の量に応じて崩壊の規模も大きくなります。したがって崩壊が収まるまで、あるいは斜面の軽石がなくなるまでは、降雨の度に警戒する必要があります。その期間は、最大数十年にも及びます。垂水市の牛根麓の場合は、大正噴火から50年以上経過した時点でも、軽石が斜面から崩壊して道路を寸断しています。

　このような斜面を抱える地域では、命を守るためには、何年にもわたって雨のたびに避難を繰り返すことを受け入れるか、砂防ダムを建設したり、あるいは斜面から軽石を積極的に除去する必要があるで

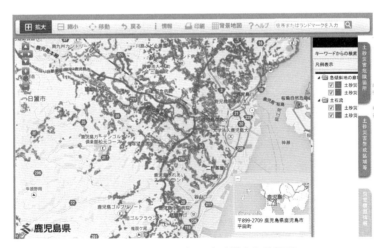

図9.4　鹿児島市北部の土砂災害危険箇所
出典：鹿児島県HP　鹿児島県土木部砂防課

しょう。
　ただ、市内中心部に近い地域は、過去に大災害があった竜ケ水ほどには砂防ダムが整備されていません。そのため、これからは、「大正噴火による災害を想定した砂防ダムの建設」が緊急の課題になると考えられます。特に山岳部の斜面の裾野付近に、非常に多くの砂防ダムが必要になりそうです。
　そんななか、洪水を頻発していた新川の上流に、「西之谷ダム（高さ21m、総貯水容量79万㎥）」が2012年に完成しました。このダムは洪水を減らす目的で建設された治水ダムで、通常は水をためていません。このダムが、桜島の大噴火が起きた後では、洪水調節とは少し別の機能を発揮しそうです。それは、上流から流れ下る軽石を一時的にためこむ効果です。豪雨が降った後は、ダムの下部に開けられた穴から多くの水が流れだすので、同時に流れ出る軽石の量は減らすことはできないかもしれません。しかし普通の雨の場合には、軽石はダムの内部にある程度堆積するので、それを除去することで下流側に流れ出る軽石の量を減らすことができそうです。下流側の川底に軽石がたま

図9.5　西之谷ダムと周辺団地　　出典：Google earth より作成

らなければ、水が流れやすくなり、洪水は起きにくくなります。

　図9.6は、大隅半島の高隈ダム（堤高47m、総貯水1,339万㎥）の衛星写真です。このダムの場合は、常に水をためています。上流から流れ込んだ軽石はいったんダムの内部にたまり、そして湖面に浮かんだ軽石は、やがて水を含んで沈んでいきます。湖面に浮かんだ軽石を、水面の流木を受け止める「流木フェンス」で集めて除去できれば、ダムから流れ出る軽石は少なくなります。

　上流からの軽石の流出量が少なくなれば、下流側の川底に堆積する量も少なくなり、下流側で洪水が発生する確率は少なくなります。軽石さえ除去できれば、大隅半島側の、特に高隈ダムの上流域に多量の降灰があった場合は、このダムは洪水を抑える効果が大いに期待できるでしょう。

　このような観点から、山裾の渓流にはできるだけ多くの砂防ダムを建設し、川の上流から中流域には、濁流と一緒に流れてくる軽石や火山灰を一時的にためておけるダムを建設できればいいのですが、ダム建設にはやはり多くの困難があります。それは、財源が限られていること。次に建設適地も限られていること。また大きなダムを建設する

図9.6　高隈ダム　出典：Google earth

には、非常に多くの時間が必要なこともネックです。西之谷ダムの場合、1990年に着手し、22年後の2012年に完成しました。

　課題がいくつもあるものの、ダムの効果は絶大なものがあります。良質なコンクートで造られたダムは非常に長持ちしますので、今後の数世紀を見据えたダム建設は、大噴火を繰り返すこの地域では意味がありそうです。

9.2　河床に堆積した土砂の除去

　河床（川底）に火山灰や軽石が堆積して川底が浅くなると、多量の雨が降れば、河川水が堤防を乗り越えて氾濫します。どの時点で氾濫するかは、川底にたまった火山灰や軽石の量と、降った雨の量などで決まります。川底にたまった土砂が少なければなかなか氾濫しませんが、多ければ、少ない雨でも氾濫することになります。さらに、雨が多く、流れてくる土砂が増えると、堤防から泥流があふれやすくなります。十分な対策を行わないと、図5.6（噴火後の泥流流出）に示した状態になってしまいます。川から溢れた土砂で道路も通れなくなり、橋桁を泥流が直撃して護岸が浸食され、落橋する箇所も出てくるかもしれません。非常に困った事態です。

　それではどうしたらいいのでしょうか。対処法は比較的単純で、川底にたまった土砂を取り除けばいいのですが、それにはいくつか課題があります。まずは、川底に堆積した多量の土砂を捨てる場所（土捨て場）が必要になってきますが、そのような土捨て場は現時点では確保されていません。しかも、鹿児島市の中心部だけでも、稲荷川・甲突川・新川・脇田川・永田川など多くの川があります（図9.7）。その支流の渓流はさらに多くなります。降灰量は、日置市など周辺地域でも場合によっては30cm以上の厚さになりますので、灰の降り方によっては、鹿児島県内の相当数の河川で似た状況が発生することになります。

　さらに懸念されるのは、事前に何も対策がなければ、河川が住宅地

に降り積もった火山灰の土捨て場になりそうだということです。住宅地に降り積もった大量の灰を処理することは、現実的にとても困難です。灰は民家の屋根や庭やドアの外にも積もりますが、玄関ドアのすぐ外や通路など最低限の範囲を除去しないと日常生活はできません。有料の土捨て場もありますが、膨大な量になりますから、現状では受け入れることは困難でしょう。となると、家の庭にたまった降灰を川に捨てる方々も自然に発生するでしょう。日本は秩序を重んじる人が多い国ですが、それでも生活環境を整えるためには仕方がないと考える人もおられるでしょう。そうならないためには、例えば「川に降灰を捨てないこと」を広報などで十分周知する必要があります。

　降灰の早急な除去は、個人では非常に困難です。工事会社への除去依頼も、もちろん難しいでしょう。でもそのままにしておくと、側溝や渓流を通ってしだいに河川に堆積してしまうので、川を守るためには住宅地に堆積した降灰も公的に除去する必要が出てきます。隙間が少なく入り組んだ狭い敷地から人力で降灰を除去することは、非常に大変です。軽石や灰を吸い込む超大型の降灰掃除機があれば、専用車

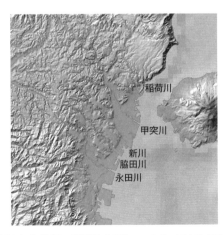

図9.7　鹿児島市北部の地形と河川　　出典：国土地理院（一部加筆）

両から吸い込み口を伸ばして効率よく作業ができるでしょう。また、このような車両は、主要道路の降灰除去にも使用できます。次の桜島大噴火がどの方向に火山灰を降らすか分かりませんが、いずれの地域でも活用でき、かつ富士山をはじめとする日本各地の火山噴火の際にも活躍できるので、国内に用意されていれば便利な感があります。

9.3 停電対策

　停電対策についてふれる前に、電気が各家庭に届くまでの経路について九州電力のHPから資料を引用し（図9.8）説明します。各発電所で発電された電気は、高い電圧で系統用変電所に送られ、そこで6万Vに電圧を落として配電用変電所に送られ、さらに6千Vに下げられます。一般的な6千V以下の電線と一部の22千Vの高圧線は「配電線」と呼ばれ、それより高い電圧で電気を送る「送電線」とは区別されています。配電線はポリエチレンやビニールなどで被覆されていますが、6万V以上の送電線は裸電線です。被覆しても熱にやられたり重くなりすぎたり、風の影響が大きくなったりするので、世界の標準は裸電線になっています。

　さて、鹿児島県周辺の様子（図9.9）を見てみましょう。太い線で描かれた50万V送電線が、伊佐市にある南九州変電所に集中しています。そして南九州変電所から鹿児島・霧島・大隅の各変電所に22万Vの送電線でつながっています。また、谷山の中山ICから約3km南西の山中にある新鹿児島変電所には、南九州変電所から川内火力発電所を経由して22万Vの送電線で電気が供給されています。

　まず鹿児島変電所を上空から見てみましょう（図9.10）。写真には白っぽいパイプが見えます。このパイプの内部には、絶縁性が高い気体（六フッ化硫黄）が封入されています。鹿児島変電所は、この処置により降灰によるメンテナンスの費用が少なくてすむと同時に、火山灰や塩害にも断然強くなりました。この装置をGISと呼びます。

このGISは、大都市の地下発電所や塩害を受けやすい海岸地域の発電所や変電所などでも用いられています。鹿児島市内にある小規模な変電所は桜島の降灰に悩まされていますので、20～30箇所ある変電所の相当数は屋内に変電設備を設けるなどの対策がなされています。

それでは、鹿児島県の要となる「南九州変電所（図9.11）」を

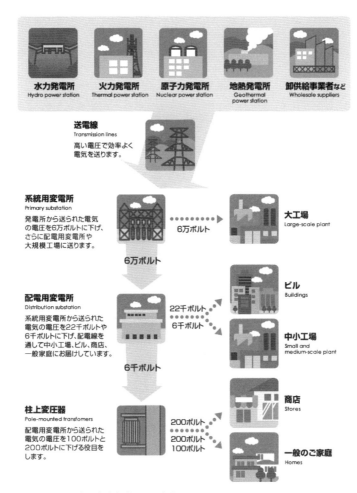

図9.8　電気がご家庭に届くまで　　出典：九州電力HP,2015.4.19

図9.9　22万V以上の送電網　出典：九州電力管内連携制約マップ

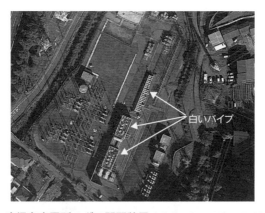

図9.10　鹿児島変電所のガス開閉装置　出典：Google earth, 2015.4.19

Google earth の画像で見てみましょう。ここの変電所にトラブルがあると九州全域に影響が及ぶ大変電所です。ご覧になってお分かりのように、白くて太い管からなる GIS は設置されていません。同じく、新鹿児島変電所（図9.12）にも GIS は設置されていません。新鹿児島変電所がある鹿児島市南西部は、これまでは桜島の降灰に悩まされることが少なく、一方、南九州変電所がある伊佐市菱刈では、ほとんど降灰に悩まされることがありませんでした。これまでは、それで特

図9.11 南九州変電所の空中写真　出典：Google earth, 2015.4.19

図9.12 新鹿児島変電所　出典：Google earth, 2015.4.19

に問題はなかったのでしょうが、桜島大噴火を考えると十分とはいえません。

それは、桜島広域火山防災マップ（図3.12）に示されているように、この地域でも多量の火山灰が降り積もる可能性があるからです。防災マップによると、伊佐市付近で約30cmの降灰量となっています。もちろん伊佐方面に多量の降灰がある確率は高くはありませんが、降灰量が少なくても、仮に3cmや10cmであっても相当な影響があると考えられます。

桜島に近い鹿児島市に降る火山灰は、軽石が主体になります。ところが、桜島から遠い南九州変電所方面では、軽石ではなく文字通り火山灰が降り積もることになります。軽石と異なり火山灰の場合は、碍子（がいし）・送電線・電線接続部への付着や侵入も多くなります。さらに、濡れた火山灰は電気を通しやすくなります。この電気を通しやすい箇所は、電線部分のみならず、灰が付着した碍子・鉄塔・地面全体に及びます。

　このことは、これまで南九州変電所が経験したことがないことが起きることを意味します。当然、他の地域、いちき串木野市・薩摩川内市・南さつま市・指宿市・鹿屋市・志布志市・都城市など、同じような降灰が予想される地域では同じ現象が発生します。実際には、降灰はある程度一定方向に降り、全域に同時に降ることはありません。でも、噴火のタイプと時期によっては、確率は少ないのですが、南九州全域の多くの地域に繰り返し降灰がある可能性もあります。実に困った問題です。すべてのリスクに対応することは経済的負担もあり難しいことかもしれませんが、少なくとも県内の主要な変電所、および重要箇所にはGISが設置されていても良いのかもしれません。

　さて、電気は、非常に扱いやすい面と、非常に扱いにくい側面があります。最大の欠点は、電気は使える状態と停電の2つの状態しかなく、停電の場合には利用価値が0になる点です。このため、停電を起こさないように、電力会社では送配電線の二重化などの対策を広範囲に実施しています。現在ではほとんどの地域で、電線工事中も停電にすることなく、もう一方の電線を通して電気を流すシステムになっています。世界的に見れば日本の停電の発生率は少なく優秀なのですが、それでも、時々停電が発生しています。

　重要な南九州変電所でも、地震や台風などの特別な状態ではないにも関わらず、2012年8月15日に機器の故障が発生し、2台ある変圧器のうち1台が自動遮断しました。2日後に仮復旧しましたが、原因は

電力ケーブル内部の焼損ということです。予想し難いことが原因となって停電するのが、電気の難しいところです。

その難しさを、内閣府・総務省・国土交通省・気象庁などからなる富士山ハザードマップ検討委員会（2004）の資料の中から見てみましょう。この報告書では、「桜島の事例より、降雨時に1cm以上の降灰がある範囲で停電が起こり、その被害率は18％とした」というのが結論です。富士山の場合には火口から離れた地域に大都市がありますので、1cm以上の降灰を予想して、このような結論に至ったと考えられます。さらに東京都23区の変電所はほとんど地下に造られていますから、降灰の直接的影響を受けません。

それとはくらべものにならない多量の降灰がある鹿児島市とその周辺地域の場合はどうなるのかというと、「よく分からない」というのが、九州電力の電話担当者の回答でした。多量降灰時の停電は、九州電力のみならず、電力中央研究所や大学でも、現時点ではよく分からないはずです。この分野の研究が必要であると以前から指摘されていますが、火山灰と停電の関係についての研究は、非常に少ないのです。1994年に鹿児島大学の川畑秋馬先生が「桜島火山降灰の配電線路への影響」を発表した後の成果がほとんど見つかりません。一刻も早く、停電と火山灰の関係と、停電を回避するための研究を開始する必要があるでしょう。

それは、次の事例があるからです。過去の火山噴火災害の停電の事例を富士山ハザードマップ検討委員会（2004）の資料から引用します。

【停電発生】
・降灰量7.5cm：アメリカのセントヘレンズ火山の噴火（1980年）の際に、変電所に降り積もった灰を除去し、電柱や碍子の灰を除去するため、6～8時間停電させた。〔火山灰が降り積もった後に降雨があると湿った火山灰で漏電が起きやすいので、電気を止めて一斉に火山灰の清掃をしたものと考えられます〕

・降灰量1.3cm：アメリカのセントヘレンズ火山の噴火（1980年）の際に、5つのトランスが故障し、2本の電柱が火災を起こした。停電は短時間で、碍子やワイヤーの灰を取り除いた。
・降灰量0.6cm：アメリカのセントヘレンズ火山の噴火（1980年）の際に、変電所に積もった灰を除去するために停電を実施した
・降灰量1mm：阿蘇山の噴火（1990年）で湿った火山灰が電柱のトランスなどに付着してショートし、約3700戸が停電した。

このほか、電力関係者の聞き取り調査では、下記の調査結果もあります。

【無停電】
・有珠山の噴火：停電は起きなかった。

　現在の配電線は、昔のように裸線ではなく被覆電線になっていますので、停電は起きないはずですが、桜島の噴火で島内に多量の火山灰と雨が降った際に、近年でも停電が起きています。火山灰と停電との関係は分からないらしいのですが、台風でもありませんので、一般的には雨に濡れた降灰に何らかの原因がある可能性が高いと考えざるを得ません。
　セントヘレンズの場合は、降雨で停電の危険性が高まるリスクを避けるために停電を実施して作業したと推定されます。この点は非常に重要なのですが、鹿児島市周辺地域に予想される30〜50cm、あるいは100cm以上の厚い火山灰の場合は、降灰を除去する作業者が施設に到着することが非常に困難です。このために、多量降灰後の停電のリスク原因を長期間にわたって除去できません。
　次に、電気を送る送配電網のリスクについても考えてみましょう。
　6千V以下の配電網については、地震時の建築物の倒壊や火災、あ

るいは地盤の液状化による電柱の沈下や倒壊、さらにトランス接続部への灰の侵入など様々な停電の要因が予想されます。6 T Vの配電線を原因として停電になる家屋は数百戸、最大でも1000戸以下です。この場合でも、停電になった家屋では深刻な事態が発生します。その事態を避けるためには電線地中化も一つの方法ですが、トランスなどを収める地上機器の設置位置を改善する必要がありそうです。これらの機器は、一般的には低い位置に設置されていますが、多量降灰地域では、この地上機器が降灰やその後の土石流や泥流に埋もれてしまう危険があります。鹿児島市内は、河川周辺や低い土地では土石流が流れてくる可能性が高いので、電線を地中化した場合でも、地上機器は洪水や土砂流の影響を受けない高い位置に設置する必要があるでしょう。このように検討課題は多岐にわたり、実施への障壁も多いのが現状でしょう。

　一方、22万Ｖ以上の送電線が停電した場合の影響範囲は、非常に大きくなります。2006年8月14日に、旧江戸川を航行中のクレーン船のアームが27.5万Ｖの送電線に接触し、139万戸が停電となりました。鹿児島市の場合でも、10万戸を超える停電が予想されます。この重要な送電線も、倒壊や強風で停電を引き起こすことがあります。過去には次の事例があります。

　①坂出送電塔倒壊（人為的倒壊）　1998年2月20日
　　香川県坂出市坂出町の四国電力の送電鉄塔が、突然根元から折れて倒壊しています。倒壊は、鉄塔台座部分のボルトを抜き取ったことによる人為的な理由によるものです。噴火との関係はありませんが、予想していないことで停電になったという事例です。
　②茨城県送電鉄塔倒壊（台風の被害）　2002年10月20日
　　関東地方を通過した台風21号の強風で、10基もの送電鉄塔が倒壊または変形しています。倒壊した8基の鉄塔は飴のように曲がって地上に倒れています。これらの鉄塔は、昭和47年の運転開始時の電

気設備の技術基準に基づき、平均風速40m/sの風圧に耐えるように設計されていました。重大な事故ですから綿密な調査が行われ、鉄塔の構造と設計は正しかったが、鉄塔基礎の周囲のコンクリートの注入が不十分で鉄塔が倒壊したと報告されています。

③福島原発鉄塔倒壊（地震の被害）

　東日本大震災の際に、東京電力福島第一原発事故で、5、6号機に外部電源を供給していた送電線鉄塔が倒壊しました。原因は、敷地を造成する際に谷を埋めた盛り土が液状化するなどして崩れた可能性が高いと分析されています。また、津波によりもう1基倒壊しています。

　このほかにも、2015年に中部電力の東信変電所と信濃変電所を結ぶ27.5万Vの超高圧送電線がショートして、長野県内の38万戸が停電しています。

　送電線は、現代社会では人々の暮らしだけでなく生命も守っていると言っても過言ではないでしょう。今日の電気は、電気が止まれば大正噴火の頃のようにロウソクやランプで代用できる時代とは全く異なります。情報通信を含め、ありとあらゆる分野で日々の暮らしと社会機能の維持に役立っています。その重要な送電線、決して倒壊してはならない

図9.13　台風で浮き上がった鉄塔基礎
出典：送電線鉄塔倒壊事故調査報告書,2002

送電線が、人為的な破壊や台風、地震時の斜面崩壊で倒れています。

　送電鉄塔は、地震や台風では倒壊しない設計ですが、実際には倒壊しています。なぜでしょう。結果論でいえば、茨城県の送電鉄塔倒壊も福島第一原発の鉄塔倒壊も、電力設備を人々の生命を守る命綱だとまでは、考えていなかったのではないかと推測されます。桜島火山周辺地域では、エレベーターを吊るすロープと同じぐらい人命を左右する施設であるとの認識が必要でしょう。

　桜島が大噴火した後に起きる（可能性が高い）地震で特に揺れるのは、軟弱地盤地帯と、台地の縁辺部や尾根に近い箇所です。これらの地点では、地震時の揺れが増大します。大正噴火と同程度のマグニチュード7.1の地震が発生した場合を想定し、送電網の弱点を洗いなおす必要があるでしょう。この地震により当時、鹿児島湾沿岸にあった塩田や江戸期の埋立地などでは、地盤沈下を含めて大きな被害が報告されています。図9.14は、地震時に倒壊する危険性が一般のものよ

図9.14　高圧線の鉄塔の基礎付近が崩壊した例

り高いと思われる事例の写真です。

　ここで、東日本大震災の時の東京電力の被害を見てみましょう（表9.1）。東北電力と異なり、東京電力管内では、震度6以下の地震しか発生していません。にも関わらず、広い範囲に影響がある50万Vの設備において、27ヵ所で被害が発生しています。表9.1では、変圧器・遮断機・断路器を合わせると、132ヵ所で被害が発生しています。震度5の場合でも、38ヵ所で被害が発生しています。多量の降灰が降り積もった地域では、道路を通れず現場に行けないために、このような箇所の復旧は困難になります。

　高圧線は裸電線ですので、鉄塔を通って地面に漏電しないように、電線は絶縁性が高い陶器製の碍子などで鉄塔に吊るされています。電気は碍子で絶縁されて、図9.15の左側の鉄塔では、白線の部分を流れていきます。ところがこの碍子に火山灰が付着し、降雨があると濡れた火山灰を電流が流れ、漏電の危険性が高まります。それは、火山灰が亜硫酸ガスなどの火山成分を含んでおり、水に濡れると硫酸イオン

表9.1　東日本大震災時の東京電力の被害状況について

○震度5以上で被害が発生し、震度が高いほど被害率が高くなる傾向。
○断路器については各電圧階級で被害が発生しており、被害率が他機器に比べ、相対的に高い。

※被害数 運転継続不可の被害数

		全数			500kV			275kV			154kV			66kV以下		
		設備数	被害数	被害率	設備数	被害数	被害率	設備数	被害数	被害率	設備数	被害数	被害率	設備数	被害数	被害率
変圧器	合計	2,997	17	0.6%	61	0	0.0%	173	5	2.9%	374	9	2.4%	2,389	3	0.1%
	震度7	0	0	-	0	0	-	0	0	-	0	0	-	0	0	-
	震度6	339	13	3.8%	7	0	0.0%	19	3	15.8%	41	7	17.1%	272	3	1.1%
	震度5	2,658	4	0.2%	54	0	0.0%	154	2	1.3%	333	2	0.6%	2,117	0	0.0%
遮断機	合計	3,180	11	0.3%	146	0	0.0%	277	5	1.8%	541	5	0.9%	2,216	1	0.0%
	震度7	0	0	-	0	0	-	0	0	-	0	0	-	0	0	-
	震度6	566	7	1.2%	42	0	0.0%	55	4	7.3%	97	3	3.1%	372	0	0.0%
	震度5	2,616	4	0.2%	104	0	0.0%	222	1	0.5%	444	2	0.5%	1,844	1	0.1%
断路器	合計	8,388	104	1.2%	368	27	7.3%	662	16	2.4%	1,472	33	2.2%	5,886	28	0.5%
	震度7	0	0	-	0	0	-	0	0	-	0	0	-	0	0	-
	震度6	1,490	74	5.0%	114	14	12.3%	138	11	8.0%	254	24	9.4%	984	25	2.5%
	震度5	6,898	30	0.4%	254	13	5.1%	524	5	1.0%	1,218	9	0.7%	4,902	3	0.1%

出典：原子力発電所の外部電源に係る状況について,原子力安全・保安院,2011

が形成され、火山灰が電気を通す性質に変わってしまうからです。このためセントヘレンズ火山の噴火では、降雨後の停電発生を防ぐために、あえて停電にしてまで火山灰の除去を行ったのですが、多量降灰の場合にはその除去が難しくなります。高圧線以外の配電線については、現在はほとんどポリエチレンなどで被覆されています。したがって漏電などを原因とした停電は以前より少なくなっています。

　それでも停電は、地震・雷・火事・台風・風害・水害・雪害・太陽フレアによる太陽嵐などを原因として発生しています。大噴火の際には、大地震により斜面崩壊や倒木による断線、建築物や図9.16のよう

図9.15　高圧電線の碍子（著者撮影）

図9.16　配電線の電柱

な電柱そのものの倒壊など、さらに停電になる要因は増えます。火事があっても、消防車は現場に到着できませんし、電力復旧班も停電の現場に容易には到着できません。配電線の断線の場合は、関係戸数が少数であるとはいっても、実際に停電になった家や病院などでは大ピンチです。

　大噴火の際に停電がどの程度発生するかは、現時点ではだれにも分かりません。最悪の事態を少しでも避けることができるように、電気設備の早急な改善や研究が望まれます。また、多量の降灰があった時の停電復旧法や、電気を原因とした火災の防止対策、および住民への対処法の周知など、課題は山積していると考えられます。

第３章　総合対応

10. 防災中枢機能の維持

10.1 職場機能の維持

日本における1900年以降の大災害を、死者（行方不明者を含む）が多い順に記載します。

①東日本大震災(2011年) 18,465名（2015年9月現在）
②兵庫県南部地震(1995年) 6,433名
③伊勢湾台風（1959年）4,697名
④枕崎台風（1945年）3,756名
⑤室戸台風（1934年）3,066名

戦中戦後は、大型台風で死者1000名を超える災害がたびたび起きましたが、1960年代以後は、死者が100名を超える台風の被害はありません。大災害のほとんどは、地震災害と豪雨災害に限られてきています。火山関係の被害は、御嶽山の噴火（2014年）で、63名の死者・行方不明者（2015年9月28日現在）が出てしまったのが戦後最大です。

このためか、内閣府の防災情報のインターネットのトップ画面には、「東日本大震災関連情報」・「南海トラフ震災対策」・「首都直下型地震対策」が目立つように掲載され、「桜島火山の大規模噴火対策」は記載されていません（図10.1）。

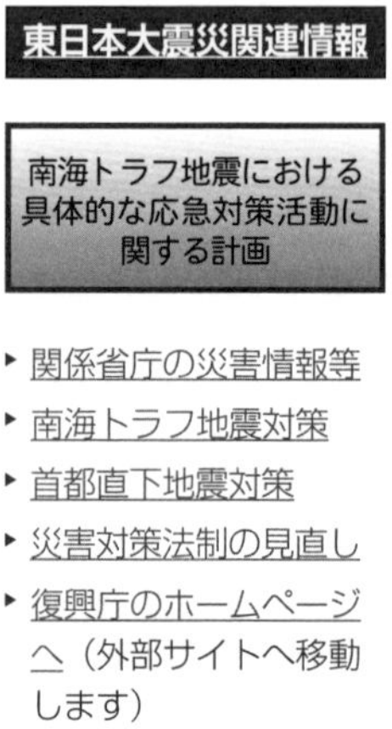

南海トラフ地震は、国の想定（中央防災会議）で、津波による死者数が多い冬の深夜に地震が発生した場合も試算されています。地震が発生する場所も分からないので東海・近畿・四国・九州に分けられ、そのうち東海地方が

図10.1 内閣府防災情報のHP，2015．7．25

大きく被災した場合の死者は、約8万人〜32万人と予想されています。この死者数を減らすために、東海地方や各地で建物の耐震化や津波避難ビルの活用などの減災対策が進められ、津波避難ビルが効果的に活用された場合、津波による死者数は最大で約8割減少すると推計されています。8割減少すると、死者は約1.6万人〜6.4万人となります。一方、首都直下型地震では、国の想定（中央防災会議）で、震度6強以上の地震が発生した場合の死者は最大で約1.1万人と見込まれており、首都圏の建築物の耐震化はずいぶん進んでいます。

ところが、桜島大噴火のケースは、数多くの分野にまたがる様々な課題に対して、具体的に検討されていない状況です。ところが、夏場に鹿児島市方面に多量の降灰があると、現状の対策のままでは数万人から10万人を超える死者が出てしまうことが考えられます。南海トラフ地震で津波避難ビルが効果的に活用された場合の死者数より、あるいは首都直下型地震で予想される最大死者数1.1万人より、はるかに多くなるのです。文字だけでは実感として伝わらないので、桜島大噴火の死者数を仮に5万人としてグラフにしてみました（図10.2）。いかに大きなリスクが待ち構えているか、想像していただけるかもしれません。

桜島の噴火災害が、鹿児島市に重大な被害をもたらす緊急時の災害対応について考えてみましょう。参考になるのは、東日本大震災における政府の対応です。

竹中平蔵氏らは、著書『日本大災害の教訓』の中で、内閣危機管理監が率いている「危機管理センター」が十分機能しなかったと述べています。その理由として、危機管理センターで働く職員が各省庁の寄せ集めで、縦割りの壁を越えられなかった。特に原発事故に関しては、「炉の冷却、放射能封じ込め、住民避難などをやらなきゃならないことはみんな分かっている。しかし、政府は動かない。各省とも余計なリスクを負いたくない。それは政治家が決めること、として自分

図10.2 桜島噴火の予想死者数例と過去の自然災害死者・行方不明者
桜島噴火の死者数は膨大となる場合がある（1945〜2013年は防災白書資料より）

からは動かない。普段からの備えがいかに大切か、痛感した」と述べています。当時の菅首相の回想もあります。「オフサイトセンター（原子力発電所から20km 以内に設置されている事故拡大防止施設）は、電気がつながらない、電話はつながらない、そして人が行こうにも高速道路は走れない……」と述べています。

　この状況が、原発の重大事故と大災害に直面した日本の中枢機能の一場面です。阪神・淡路大震災や地下鉄サリン事件などを経て改革されたはずの危機管理組織がまだ機能不十分で、かつ緊急時に役目を果たすはずのオフサイトセンターでさえ機能しなかったのです。何のために、どのような状態の時にオフサイトセンターが必要とされるのか。オフサイトセンター設立構想の段階にさかのぼって、危機管理に対する姿勢が問われます。

　現在の準備状況では、桜島が大正級の大噴火をおこした場合は、さ

らに厳しい状況になることが予想されます。まず一つは、県の危機管理担当部署です。県の職員は通常3年で移動しますが、3年の任期では、多方面にわたる専門的でかつ複雑な課題を理解し緊急時に的確な判断をすることには限界があります。通常時の危機管理は可能でしょうが、鹿児島市内に数十cmもの降灰がある状況では、相当な困難が伴うでしょう。担当部署間で、少なくとも事前に噴火時を想定したシミュレーションが何回も必要になりそうです。

具体的な例を一つあげると、大噴火時には、まず県庁に出勤できないと予想されます。火山灰が数cmから10cmも堆積すると普通の自動車（二輪駆動）の場合、いくら頑張っても通行は困難でしょう。四輪駆動車の場合は、条件が良ければもう少し厚い火山灰でも通行できる可能性があります。条件が良ければというのは、道路に放置車両が少なく、急な坂道がなく、降雨もない状態です。噴火に伴う地震後も、道路を塞ぐ電柱や建物などの道路障害物がなく、橋の損害も軽微な範囲で道路が通れる状態であることが前提です。それでも20cmを超えたら、相当車高が高い自衛隊の四輪駆動車でないと通行困難でしょう。しかも実際に降ると予想されるのは、50～100cmを超える厚い火山灰（主として軽石）です。

砂丘を走れるバギー（図10.3）の場合は、降灰が厚く積もっていても通行可能でしょうが、このような車両の準備がなく、公共交通機関

図10.3　多量降灰時にも通行できる可能性がある車両

も運行停止状態であれば、職場に行く手段として、あとは徒歩しかありません。一言で徒歩といっても、悪路を飲用水や食料を担ぎながら、職員によっては生命の危機も感じられる家族を残して登庁するのは容易なことではありません。このような危機的な状況は、県庁のみならず鹿児島市役所・警察・消防、そして緊急に災害復旧にあたる必要がある国土交通省・電力会社・水道局・ガス会社・石油会社・建設会社、その他の機関や企業でも起きます。

　このような事態の想定がなされていない現状では、大混乱が起きることは必至です。桜島大噴火時を想定した基本的な運用指針が作られ、その内容を各現場の状況に応じて取捨選択しながら指針を活用する必要があるでしょう。

　マニュアルではありません。噴火が起きていない時点で作成したマニュアルは、実際に噴火した時の現場状態と大きく異なることが想定されるため、役に立たない可能性があります。東日本大震災の際には、マニュアル通りに水門を警備した消防隊員の多くが大津波から逃げ遅れて命を落としました。現場の状況に応じて臨機応変に活用でき、しかも基本的な部分（背骨部分）はしっかりした運用指針の準備があってもいいでしょう。

　県庁への通勤のみでいえば、①重要担当者の庁内宿泊、②専用車両の利用、③海上交通機関の利用、④IT機器による職場分散など、対応法はいろいろあるでしょう。①の場合は、食料やベッドなど生活に必要な施設が庁舎内に必要になります。県庁の近くに、そのような危機的状態でも宿泊可能な施設があれば、あるいは庁舎の施設の防災機能を強化して、大噴火時にも宿泊所として利用できれば有効でしょう。②は、多量降灰時でも運行できる車両（履帯がついた乗用車）を用意し、災害復旧作業者を優先してミニバスとして運行する方法などです。③は、幸い鹿児島県庁・鹿児島市とも海から0.5km前後のところに位置するので、海を利用して通勤する方法です。鹿児島市内に

住む災害対応職員が登庁できない時に、姶良・霧島市方面や指宿・谷山方面、あるいは垂水市方面から海を渡って通勤することも検討の余地があるかもしれません。④の場合、危機管理の主な業務が情報の収集や現場の指揮対応であれば、職員の自宅からでも仕事はできます。もちろん、テレビ会議システムやIT機器が万全で、長期間稼働可能な自家発電設備があることなどが条件です。

　ほかにも、桜島の噴火が今後100年〜300年置きに、1万年以上継続的に噴火すると見込まれることを考慮すれば、シラス台地の地下に防災シェルターを建設することも一考の価値があるでしょう。鹿児島市と距離を隔てますが、各地の地域振興局や霧島市などに中枢機能を移転できるようにしておく方法もあるでしょう。多量降灰が鹿児島市側に降った時には、県庁の中枢機能がそっくり移動できればいいのですが、検討しなければならない課題は多いでしょう。

　県庁に登庁できても多くの課題があります。まず、電源の問題です。鹿児島県庁の自家発電装置は、2015年の6月時点で約72時間分の燃料を準備しています。一般的な災害（豪雨・台風・地震・津波）の場合では、かなり余裕を持った準備量と考えられます。しかし、交通途絶が長期間に及ぶ大噴火災害の場合には、十分とは言えません。タンクローリーで県庁の自家発電施設まで燃料を運べる状態まで道路が整備されるのは、現状では3日や1週間では困難でしょう。降灰の分布パターン・降灰量・道路上の放置車両の台数によっては、主要幹線といえども1週間で復旧できる見込みは小さいと考えられます。結局、自家発電設備は燃料切れで機能しなくなり、パソコン・無線・携帯電話などがストップし、災害復旧の中枢機能を維持できないと見込まれます。対策としては、0.5kmしか離れていない海からパイプラインを敷設し、海上の小型タンカーから県庁に自家発電用の燃料を供給することも有力な選択肢の一つでしょう。このようにすれば、燃料は潤沢に供給できるはずです。

例えば、水道がストップし、庁内で働く職員が危機に陥った時、県庁内に井戸があり電気で動くポンプがあれば、ろ過器などで水質を改良し、飲用にすることができます。また、装置と動力・燃料さえあれば、海水でさえも淡水に変えることができます。水がないとトイレの使用も困難になるため、長期間に及ぶサバイバル状態では燃料の確保は非常に重要です。このような観点から、海から県庁内へ続くパイプラインの敷設なども検討の余地があるかもしれません。
　県庁の電源としてはスポットネットワークが組まれていて、いくつもの予備回線が用意されています。一般家庭より停電はしにくいのですが、東日本大震災の原発電源の検証では、極めて重要な電源さえ停電になっています。
　原子力安全・保安院は、表10.1の資料を公表しました。この資料では、5ヵ所の原子力発電所に電気を供給する22回線のうち、地震後は濃い灰色で塗ったわずか4回線しか原発に電気を供給出来なかったことが分かります。
　女川原子力発電所は、事故に至らなかったと称賛されることもありましたが、実態は、5回線の設備のうち「松島幹線2号線」のわずか1回線が電気を供給できたのみで、残り4回線は停電状態。原子力発電所への外部電源途絶と紙一重であったことが分かります。電気を原発に送る送電施設の強化が必要でしょう。
　さて、表10.1を見ると、原子力発電所内では使用可能な設備が多かったものの、原子力発電所外は多くの場所で電気がストップしたことが分かります。原子力発電所内には、高規格の安全な設備が使用されていたので故障は少なかったのですが、原子力発電所以外の部分では、一般の規格で設計されていました。このために、原子力発電所に通じる前の一般回線で、地震の揺れで多くの箇所で停電が発生し、大半の経路で原子力発電所に電気は送れませんでした。

県庁などの中枢機関に電力が確実に供給されれば幸いですが、原子力発電所に至る重要回線でさえ約8割がストップしていますので、送配電線の強化や無停電化への改善が必要でしょう。さらに、東日本大震災の場合には停電回復の作業が行えた時期でも、大噴火災害の場合には、停電を復旧する車両の道路通行や災害ヘリコプターの運用に困難があることは言うまでもありません。

ここまでの想定は、鹿児島市内中心部で噴火後2～4週間程度の期間を考えたものです。1ヵ月程度経過すると、市内中心部の河川から

表10.1 原子力発電所の外部電源状況（東日本大震災）

区分		原子力発電所外					原子力発電所内	
		変電所			送電線路		開閉所	
		断路器	避雷器	その他	鉄塔	がいし	遮断器	断路器
福島第一	東電原子力線	●	●	●	●	●	○	○
	大熊線1号線	○	○	○	○	○	×	○
	大熊線2号線	○	○	○	○	○	×	×
	大熊線3号線	○	○	×(※1)	○	○	−	−
	大熊線4号線	●	●	●	●	●	○	○
	夜の森線1号線	○	○	○	×	○	○	○
	夜の森線1号線	○	○	○	×	○	○	○
福島第二	富岡線1号線	○	○	○	○	○	○	○
	富岡線2号線	×	○	○	○	○	○	○
	岩井戸線1号線	○	○	−	○	○	○	○
	岩井戸線2号線	○	○	○	○	○	○	○
女川	松島幹線1号線	○	○	○	○	×	○	○
	松島幹線2号線	○	○	○	○	○	○	○
	牡鹿幹線1号線	●	●	●	●	●	○	○
	牡鹿幹線2号線	●	●	●	●	●	○	○
	塚浜支線	○	○	×(※2)	×	○	○	○
東通	むつ幹線1号線	○	○	○	○	○	−	−
	むつ幹線2号線	●	●	●	●	●	○	○
	東北白糠線	●	●	●	●	●	○	○
東海第二	東海原子力線1号線	○	○	○	○	×	○	○
	東海原子力線2号線	○	×	○	○	×	○	○
	村松線・原子力線	○	×	○	○	○	○	○
設備区分ごとの被害の割合		1/22 (5%)	2/22 (9%)	2/21 (10%)	3/22 (14%)	3/22 (14%)	2/20 (10%)	1/20 (5%)

凡例　○：使用可能（地震の揺れが収まると同時に機能回復したものを含む）
　　　●：上位系統停電又は遮断機の電流遮断　×：使用不可　−：工事中
　　　※1：断線　※2：変圧器損傷　　■：地震後も原発に充電
　　　　　出典：原子力発電所の外部電源に係る状況について，原子力安全・保安院，2011

土砂を含んだ水が流れだし、道路が通行止めになる可能性が出てきます。桜島の大噴火（大正3年1月12日）の時は、1ヵ月近く経過した2月8日に、牛根村・垂水村・高隅村・百引村で土石流や洪水が発生しています。この事例から推定すると、鹿児島市を囲む山地から市内中心部に向けて土石流が流れ込む可能性があります（事前の詳しい検討も必要です）。土石流の発生は降雨量や斜面の形や地質などに関係してきますが、斜面勾配が急な国道10号の重富から磯までの区間や、小山田から伊敷に至る国道3号の区間は、もっと早い時期から軽石層が崩壊し、たびたび通行不能になると見込まれます。

　大正噴火の際にはこの土石流災害が、大噴火した年に20回以上発生しています。翌年には3回に激減していますが、12年経過した大正15年まで、土石流や洪水の発生が記録されています。

　鹿児島市内に多量の降灰があった場合は、道路の降灰除去がある程度進んだ後、今度は鹿児島市内の主要河川沿いの道路が、土石流や洪水の被害をたびたび受けそうです。それが10年以上も続きます。特に、背後に長大な急斜面を持った「国道10号の重富から磯までの区間」では、過去に牛根方面で、大正噴火の軽石が50年以上経過しても山腹から流出して道路が通行止めになったように、斜面に降り積もった軽石の流出が交通障害になると考えられます。

　その時に、もし鹿児島市内に図10.4に示したようなモノレールが整備されていればどうでしょうか。モノレールの場合は、降灰や土石流あるいは津波の影響を受けにくいので、災害時に対応する職員の通勤経路として有効でしょう。もちろん平時でも便利な交通機関で、渋滞の影響が少なく、鹿児島市内を比較的高速で移動できる交通手段でしょう。このようなモノレールが鹿児島市の谷山港南部から鹿児島中央駅を経由して姶良市まで建設されていれば、大噴火時の対応はずいぶんスムーズになるでしょう。もし多量の火山灰が降っても、姶良市から谷山港南部までの全区間が大量の火山灰に覆われることはないと

図10.4　モノレール（沖縄）

考えられますので、鹿児島市中心部に火山灰が降った場合、少なくとも谷山港と姶良市のどちらかのルートから、救援部隊と救援物質を市内中心部に向けて運搬できます。道路の開通が1週間かかる場合でも、モノレールだけは噴火当日からでも罹災者の救出や、救援部隊などの移送に威力を発揮すると考えられます。災害用車両はハイテクではなく、ディーゼル機関などの修理や点検がしやすい設備にしていればいいのではないでしょうか。課題となるモノレールの建設コストは、さびにくいエポキシ樹脂鉄筋など、現在ある技術を利用することで、当面の使用期間を300年とすることも可能でしょう。現に第二名神高速道路では、建設コストをさほど上げずに300〜500年供用できる橋脚が造られています。建設費の回収期間が長くなればコストの負担は軽くなります。

10.2　混乱の回避

　鹿児島県は豪雨災害が多く、豪雨災害対策は進んできました。大災害であった奄美豪雨（2010年）や鹿児島豪雨（2006年）などを除けば、豪雨時の警戒から避難、そして復旧も概ね一定の効果とスピードを発揮しています。斜面が崩壊して道路に土砂が堆積した場合でも、

建設業者の土砂除去、通行止め情報の公開などが迅速になされ、復旧のための調査・設計・工事もスムーズに行われるでしょう。そのための一連の災害対応システムが出来上がっています。

　ところが桜島の大噴火に対しては、対応できる指針がありません。噴火時の桜島住民の避難計画は鹿児島市により綿密なマニュアルが作成されていますが、鹿児島市側に多量の火山灰が降った時の対応指針は、現時点ではありません。このような事態が発生する確率は良く解っておらず約2割かもしれませんが、それでも数十年以内に2割という確率で、リスクの規模が非常に大きいので、「鹿児島市側に多量の降灰がある場合の災害対応指針」が必要でしょう。そして、同時に桜島周辺の湾岸の4市やその周辺の自治体にも災害対応指針は必要でしょう。なぜなら、鹿児島市から約15kmしか離れていない日置市や、約30km離れているいちき串木野市でも、近年ほとんど経験したことがない多量の火山灰が堆積するためです。

　桜島大噴火の時にも、通信の途絶や情報収集が困難になることが予想されることは、これまで詳しく述べてきました。大災害時には、被災地から情報が届かないだけでなく、災害対策本部の責任者が被災したり、出張中で連絡が取りづらくなったりと、各機関の責任者が指揮をとれない状況も考えられます。職務代行についても、各行政機関や企業など、多くの組織で必要になるでしょう。

　50cmを超える降灰に対する「対応方針」は、これまで世界に例がありませんので、早急に各機関が協力して作成する必要がありそうです。富士山ハザードマップ検討委員会では、噴火による社会的な影響についてずいぶん詳しく検討されていますが、都市部に50cm以上の降灰がある場合の想定はされていません。首都東京では、宝永噴火（1707年）で16日間にわたり降灰が継続しましたが、東京都23区の降灰量は1～5cm程度であったと見られていますので、参考にはなりません。

鹿児島市規模の都市部で大噴火の降灰に見舞われた事例は、ここ1世紀の間にはありません。フィリピンのピナツボ火山の噴火（1991年）やアメリカのセントヘレンズ火山の噴火（1980年）、あるいはチリのプジェウェ=コンドル・カウジェ火山群（2011年）やカルブコ火山の噴火（2015年）、アイスランドの火山噴火（2010年）などの大噴火で降灰があった地域は人口が少ない地域でした。20世紀最大と言われるピナツボ火山噴火の時、比較的多くの人々（約1500名）が住んでいたクラーク空軍基地周辺でさえ火口から約20kmも離れており、降灰も15～20cmの厚さに過ぎませんでした。つまり、世界で最も参考になる事例が、なんと100年余り前の1914年の桜島の大噴火なのです。文部科学省が100年を契機に桜島の噴火資料「1914 桜島噴火報告書」をまとめたのは、実に意義深いものでした。

11. 避難と社会活動

　ここからは、実際に噴火が起きるケースを想定し、桜島住民や家庭と職場単位で噴火の影響と避難などについて述べていきます。実際には、噴火パターンや降灰範囲の予測は困難です。さらに、各個人の事情など多岐にわたります。本書の11.2 一般家庭と11.3 病院などの施設にはフィクションも含まれています。各機関がそれぞれの役割に応じて、各家庭ではそれぞれの実情に沿って、大噴火対策を検討する際の一つのイメージとして実感していただけたら幸甚です。

11.1　桜島住民

　桜島住民の方々は、噴火前に避難することになりそうです。この点は、気象庁や県・鹿児島市などで綿密なマニュアルができています。このマニュアルの内容は、「消防団員が、残留者を確認しながら、避難者を避難港まで誘導する」。その後、「消防団員は、戸別訪問を行

い、未確認者がいないことを確認し、避難誘導責任者へ報告する」という徹底したものです。しかし、この住民の方々の避難で検討されていることは、地震や津波あるいは土砂災害の避難と同等の場合で、大噴火災害のもたらす悲惨さを緩和しているとは思えません。「とにかく命だけは助かってほしい」との思いが込められた避難方法です。

　避難の後、かなりの方々が失うであろうと考えられる財産（家・家財・畑・果樹・家畜など）については、地域防災計画では考慮されていません。保険会社に大噴火災害に対応できる保険商品があれば、家や家財道具その他にも自主的に保険を掛けていきたいものです。避難所から帰ったら、家が溶岩に飲み込まれ、全てを失っていたということは十分に考えられることです。もし可能であれば、重要な家財とともに、子供の家か親戚などの家に自主避難する方法も有効でしょう。少なくとも、家から持ち出した物は、溶岩の下や厚い火山灰の下に埋もれて失うことはありません。

　自主避難をいつするかといった判断は非常に難しい点があります。少なくとも、健康な人、そうではない人、子供、老人、壮年者、職場との関係などで違ってくるでしょう。行政機関が避難レベル４の「避難準備」に上げる前に自主的に避難を開始する目安としては、次のようなことが考えられます。いずれも大正噴火の際の事例を参考にしたものです。（原稿を書いている2015年８月15日に桜島の一部地域については、避難準備・そして避難勧告がなされましたが、ここでは桜島全島に避難準備が出された状況とお考えください）

　①無感地震や有感地震の増大
　　大正噴火の６日前には、鹿児島測候所で地震が記録されています。当時は旧式の地震計が１台しかありませんでしたから、地震が起きた場所も分かりませんでしたが、今日では、多量のマグマが桜島の地下を上がってくる状況が、地震計で捉えられるはずです。大

正噴火時には5日前に、数回の有感地震が島内の人々に感じられています。この有感地震は、噴火の2～3年前にもあったので、決定的とは言えませんが、噴火5日前の1914年の1月7日に起きた他の散発的な異変と合わせて考えると、桜島の噴火が迫っていると考えることができます。その散発的な現象とは、次の現象です。(出典：桜島噴火記、柳川喜郎、南方新社)

　㋐加治木町の温泉で急に温泉の湯が増え始めた。
　㋑国分で井戸の水が増加した。
　㋒西田・新照院・武の一帯では、井戸水が減り、水をくみ上げたところ白く濁っていた。

　ただ残念なことに、㋐～㋒の現象は、個人では把握できません。公的な機関が把握し、テレビや新聞などで報道されない限り個人レベルでは分かりません。メディアは、その情報網と情報伝達力を活かして、こんな時にこそ人々の生命と財産を守るために、これらの現象を住民に知らせる社会的な責務があるかもしれません。メディアと行政が注目すべき箇所は、㋐～㋒にあるような温泉と井戸を含む多くの散発的な情報です。大噴火直前になってからは平常時との違いが分かりにくいので、事前にデータを把握しておく必要があります。すでに、この調査が必要な段階にきているでしょう。

②南岳山頂付近の光
　大正噴火の4～5日前の夜中には、南岳の山頂付近がパーッと明るくなって、しばらくして消えるという現象が数回目撃されています。(出典：桜島爆発の日、野添武、南日本新聞開発センター)

③動物の異変
　大正噴火の3日前には、少し強い有感地震とともに、冬眠中の蛇や蛙が山腹の穴から出てきています。(出典：桜島－噴火と災害の歴史、石川秀雄、共立出版)

この後は度重なる有感地震や島内の井戸や温泉の異変が続くのですが、現代の場合には、この段階になると、全島に公的機関から避難指示が出されると考えられます。この段階は、本書で述べる自主避難の時期ではないので、これ以降は述べません。可能な方は、早めに車に大切な荷物を積んで、自主避難しましょう。

　桜島住民の避難で重要なことは、避難先が安全か否かということです。現在考えられている避難先は、鹿児島市北部の学校です。これは、次のような課題を抱えています。

　課題１：もし、夏場などで鹿児島市内側に多量の火山灰が降ってきたら、避難先周辺の道路が通れなくなるため、食糧の確保が困難になり、支援の方々も避難所に到着できません。断水になれば、すぐに生命の危機がおとずれます。

　課題２：体育館などの避難所は、非常にストレスがたまる場所で、しかも感染症が広がりやすい環境です。東日本大震災では、３ヵ月以内に1838名が震災関連死したとされています。夏場は、鹿児島県内の体育館に多くの人が寝泊まりして、眠れる環境でしょうか。高温多湿なうえに、多くの人々の体温がさらに室内を高温にします。冬は、鹿児島といえども十分な暖房がないと寒いうえに、風邪やインフルエンザが流行しやすいシーズンです。多くの感染症が避難者を襲うでしょう。

　桜島住民の避難場所には、次の検討も必要でしょう。
①夏場は、鹿児島市より安全な地域へ避難する。
　夏場は、大隅半島の志布志市や宮崎県などに避難した方が安全で

しょう。鹿児島市内への避難は、多量の降灰が鹿児島市を襲って最悪の事態を引き起こす可能性もあります。自主的な避難先としては、阿久根市、出水市、南さつま市、奄美市なども県内では候補地です。もちろん、県外はさらに安全です。ただ、自主的な避難は早期に開始しないと、多くの人々が移動し始めてからでは移動困難になります。

②広域的に避難場所を探す。

　桜島住民の避難対策は鹿児島市の事業ですが、避難場所として鹿児島市内の学校と限定しなくてもよい感があります。比較的安全な南薩方面、あるいは九州のどこか、さらには本州でも、協力関係を結べる適地があれば避難場所となり得るでしょう。

③避難所の質向上

　学校の体育館への避難期間は、できるだけ短く終わらせる必要があります。災害関連死で亡くなられる方々が増えるからです。可能ならば、指宿や霧島の大きなホテルなどでできるだけゆっくりした気持ちで避難生活を送っていただきたいものです。もちろん旅行ではありませんから、避難者自身も自分たちの食事の準備や片づけ、掃除、洗濯などを行うことで、経費も抑える必要があるでしょう。ほかにも、数百人から千人以上を収容できる大型客船を一時的に借り切る方法も考えられます。メリットは、医療設備を含め、必要な施設が揃っていることです。住民の健康管理や、食料や燃料の調達もできますので、避難施設としては最も安全で便利です。避難住民のお世話を船会社に委託し、行政やボランティアの手を、社会基盤の復興と生活や産業の再生に投じることができます。ただ、事前の調整や契約、費用が必要になります。そのほか、もし仮設住宅を建てる方針であれば、すでに用地の確保を行ってよい段階だと考えられます。

桜島の住民の場合には、前にも述べた重い課題が発生します。避難住民のうち相当数の方々が、家や利用可能な土地を失う可能性が考えられます。家や畑が残っても、厚い火山灰の中から家や畑を掘り起こす作業をしなければなりません。また、島の住居可能区域を設定する必要が生じるかもしれません。高齢者が多くなったこの地域では、手厚い支援が必要になるでしょう。

11.2　一般家庭

　ここでは、鹿児島市の中央部に住む一般家庭の中から、夫婦と小学生の子供２名の家族（以後は桜島がある錦江湾に掛けて、錦江家と呼びます）を一つのモデルとして、桜島大噴火前後の様子を想定してみます。

　まず、桜島の大噴火前には、いくつかの噴火の予兆らしき現象をマスコミから知ることになるでしょう。例えば山体膨張ですが、この山体膨張は平成27年の１月にはずいぶん報道されました。この時に不安を感じた方もおられるでしょうが、その後マスコミが報道することは少なくなりました。しかし、実際の気象庁の発表（平成27年６月）は、「桜島島内の伸縮計では、平成27年１月１日頃から山体の膨張と考えられる変化が継続しています」というものであり、山体膨張は続いていました。マスコミが報道しなくなったから安心というわけにはいきません。逆に、非常に危険な状態が迫っている時に過去のマスコミは、危険な状態を報道しなかったか、もしくは安全だと報道してきました。雲仙普賢岳噴火の時や福島第一原発の事故の時がそうでした。

　前者について詳述します。これは1990年の雲仙普賢岳の噴火の際に、長崎県島原市の七面山（標高819m）に崩壊の懸念が出てきた時のことです。七面山の南側にある眉山は、1792年の雲仙岳噴火の２か月後に起こった強い地震で山体が大崩壊し、その土砂が海に突っ込ん

で津波が起き、対岸の肥前国と肥後国を合わせて15,000名にのぼる死者・行方不明者が出ました。「島原大変肥後迷惑」と呼ばれる有史以来の日本最大の火山災害です。

　同じような災害の発生が1990年にも懸念され、その情報は国立の研究機関から国に伝えられていたそうですが、一切公表されませんでした。結果的に、この判断は正しかったのかもしれません。なぜかというと、数百万人に及ぶ避難指示を出すことは非常に難しいことだからです。豪雨の場合は、例えば数十万人に避難勧告を出しても、実質的には崖の下や河川沿いの家に住む方々の避難に限定され、同じ家でも河川の氾濫なら1階から2階に避難すれば生命にかかわる危機は回避できます。このような都市部では、避難勧告が出されても避難割合は数％に及ばないことが一般的です。

　一方、山体崩壊による津波は町を根こそぎ破壊しますから、避難指示を出したら、津波が来る可能性がある区域の方々は全員避難していただく必要があります。1990年雲仙の噴火の例では、火山噴火とそれに伴う地震が関係して引き起こされた津波でした。こういう場合、いつどの程度の規模の噴火やその他の災害が発生するか、予想することは困難でした。曖昧な情報で、数百万人に避難してもらうことは困難なのです。避難が空振りになった場合の人々の混乱や社会への影響、その責任まで考えると、大規模な避難指示はなかなか出せないのです。

　しかし、七面山が「島原大変肥後迷惑」の時と同じように崩壊していれば、対岸の熊本県や有明海を取り囲む佐賀県・福岡県も、有明海を挟んで対岸までの距離が短いので、避難の時間が少なくて大災害になったことでしょう。小規模な避難指示は比較的出しやすいのですが、大規模避難は、このような難しさを常に抱えています。

　鹿児島市も大規模避難になります。もし社会が、「空振りになる避難でも命にかかわることであれば、例え60万人規模の都市でも受け入

れます」という状態にあれば、避難指示を早めに出せる可能性もありますが、それでも仕事の関係や経済的な負担、あるいは学校などの関係、また健康状態がよくない人など、避難したくとも避難できない人が数万人以上になるでしょう。

さて、先ほどの錦江家の人々は、テレビのニュースなどで桜島の噴火が迫っていることをだんだんと強く感じるようになりました。桜島の地下にマグマが供給され、地盤伸縮計は相変わらず桜島が膨張していることを示しているという報道が続いていたのですが、そのなかで特に気になった情報は、桜島の海岸に面した井戸水の量が減少しているという報道でした。大正噴火の2ヵ月前にも同じことが起きていることを知っていた錦江家の父親は危機感を抱いたのですが、周囲の人々は相変わらず平常の活動をしているし、自分だけ会社を休んで、子供を学校に行かせず遠くまで避難するわけにもいきません。なにしろテレビや新聞などでは、桜島がいつごろ噴火するかといった報道はしていませんし、仮に安全な遠方の親戚の家に避難しても、いつまで

表11.1 大正噴火時の桜島島内の有感地震

部落名	7日	8日	9日	10日	11日
黒髪部落			小さな地震	夜から連続的	強い地震
湯之部落				弱い地震	強い地震
持木部落				夜から強い地震	強い地震
東桜島				弱い地震	激しい地震（1時間に50〜60回）
赤水部落				小さな地震	強い地震
有村部落	小さな地震（数回）		少し大きな地震	少し大きな地震	少し大きな地震
高免部落			小さな地震	大小の地震（連続）	強い地震 連続
野尻部落	小さな地震（何回となく）			地震	地震
古里部落			小さな地震	夜から激しい地震	激しい地震

出典：桜島爆発の日,野添武

避難しなくてはならないか見込みが立たないのです。収入も得なければなりませんし、子供の教育が遅れるのも困ったものです。結局、錦江家の人々は、職場で働き学校に通学し、平常時の生活を続けました。

その後、桜島で有感地震が多発しているという報道がありましたが、職場は相変わらず平常勤務で、学校も休校にはなりません。大正噴火の例からすると、この段階ではあと数日で大噴火が起きます。

この桜島島内での有感地震の発生は、大噴火の予兆として大変重要なので、ここで当時の記録（桜島爆発の日）から引用してみましょう。表11.1は、桜島の古老の方々の体験談をもとに記述された内容から、噴火前の地震をピックアップしたものです。

大正噴火は1月12日ですが、5日前の7日には、敏感な人は小さな有感地震が何回となく起きていることを感じています。現代では、度重なる地震の発生は高感度の地震計によって観測され、気象庁から発表されるでしょう（2015年8月15日には高精度の地震観測網により、全島ではなく、南岳の付近に限定して地震が起きていることが発表されました）。自主避難するタイミングとしては、この日か翌日ないし翌々日ぐらいがリミットでしょう。そして、自主避難する場合は、事前に準備を整えておいて速やかに行動する必要があります。

ただし、次の大噴火が大正噴火と同じ噴火パターンとは限りません。すべての判断が自己責任となりますが、夏場であれば、この時点で素早く鹿児島市内から脱出する判断もあるでしょう。その際の判断材料として、5日間程度の気象予測などが重要ですが、5日後の風向きなど発表されませんし、素人には予想もできません。避難が必要かどうか判断に迷うところですが、この時期を逃すと、道路は避難車両で渋滞し自主避難は難しくなりそうです。

一方、公的な避難勧告やレベル4の避難準備が鹿児島市内にまだ発令されていない中で、会社を休み子供を学校に行かせないということ

は、雰囲気（空気）で動くといわれる日本社会では、周りから白い目で見られかねず、躊躇がありそうです。早めに自主避難する人を偏見の目で見ることなく、普通に容認する世間の空気が必要でしょう。

しかし実際には、所属機関への責任感や学校と子供への配慮から、公的機関の避難準備情報が出てからでないと、避難行動を開始するのはなかなか難しいと推測され、結局、自主避難のタイミングを逃してしまうことになります。

このような理由で、錦江家も多くの方々と同じように早めの自主避難ができないまま、桜島全島で噴火警戒レベル4の避難準備情報が昼の12時に出たことを、テレビで知ることになります。これが冬場で偏西風が強ければ、鹿児島市内側は降灰の点では比較的安全なのですが、今回は太平洋高気圧が優勢な真夏の8月です。偏西風はなく東よりの風が吹いていますから、桜島から噴出した軽石は桜島を中心として、特に鹿児島市の中心部方向に広がって降ってきます。このような状態の時に、桜島に出された避難準備情報が鹿児島市の市街地に出るかどうかは分かりません。ただ言えることは、この時点では、仮に鹿児島市中心部に避難準備情報が発令されてもどうしようもないということです。

会社に出勤していた錦江家の父親が、桜島に出された「避難準備情報」を聞いて自宅に帰ろうとします。しかし、道はすでに、現場からいったん会社に戻る人や帰宅を急ぐ人、子供を迎えに行く車や緊急の買い出しに行く車などで大渋滞です。やっと自宅についたものの、ホテル勤務の母親は帰宅できません。旅先で困っている宿泊客を放ったまま、勤務時間終了前に職場を離れることはできなかったのです。一家4人が揃ったのは、桜島に噴火警戒レベル4の発表があってから10時間後の、夜10時でした。

怖がる子供を寝かしつけ、明日からの対策を練りましたが、建設業

の父親には会社から降灰除去作業の準備のための出勤が、ホテル勤務の妻には、宿泊者の安全を確保し、食事を提供するため、平常通りの出勤が要請されました。「この危険な状況で、一体どうすればいいのだ！　家族の命も守らなければならないのに！」と叫びましたが、夫婦は明日も職場に行くことを決意します。留守にする自宅には小学３年生と５年生を残しますが、何かあったら、携帯電話で話ができると思い、親切なお隣の夫人も面倒を見てくれるとのことで感謝しながら、その日は床につきました。

　ところが、まだ人々が目覚め始めたばかりの朝６時に、予想より早く桜島の大噴火が始まってしまいました。通勤時間になると、すでに道路には厚い軽石層が堆積して車は走れないし、公共交通機関もすべてストップです。職場に行く手段がありません。噴火直後から突然、自宅での避難生活が余儀なくされましたが、錦江家では賢明にも、事前に多量の飲料水や食料・医薬品・燃料などを蓄えていたので、何とか最悪の事態を免れることができました。周囲の環境が復旧するまで、完全に孤立した状態では、この備蓄資材だけが命をつなぐ頼りでした。備蓄には何ヵ月分もの出費が必要でしたが、家族全員生き延びることができて、自分の判断と水や食料や燃料のありがたさに感謝するばかりでした。錦江家は、道路の軽石が除去されるまでの１ヵ月もの長期間、行政も自衛隊も頼りにはできませんでした。噴火前に準備した品と、自分たちのみが家族を守る力でした。１ヵ月後のニュースでは、自衛隊さえも迅速な人命救援が難しかったと報道していました。

　妻の勤務先のホテルでは、このような事態を想定し、自家発電機と井戸と非常用食料を備えていました。宿泊者は自分たちの置かれている状況を室内のテレビで見ながら、バラエティに富んだ非常用食料を食べながら過ごすことができました。ホテルのある鹿児島市中心部と鹿児島中央駅周辺は、軽石の除去が優先的に行われたのですが、それ

でも道路開通には2週間を要しました。1週間後には自家発電燃料が不足したのですが、その燃料を、鹿児島港から運搬する小型タンクローリーから得られたのも幸いでした。

　全国石油協会は、桜島の大噴火に対応するために、事前に全国の小型タンカーやタンクローリーの配置策を作成していました。鹿児島市内に通じる国道3号や10号、高速道路などの主要道路の開通が遅れることを見越して、協会独自でタンクローリーを船で運び鹿児島市の中心部に近い北埠頭に陸揚げし、運転手の作業に必要な燃料・水・食料、仮設住居、運転手の活動を支援する職員までも送り込む準備をしていたのが幸いでした。南北15kmにもわたって広がる鹿児島港は、鹿児島が陸の孤島になった時の物流の大動脈として多くの分野で利用されました。

11.3　病院などの施設

　噴火災害時の弱者の例として、病院について考えてみましょう。ここでは、病院について予測される一例を描きますが、高齢者施設や身体障害者施設など他の機関でも同じような危機があることは言うまでもありません。

　鹿児島市で最大の病床数を持つのは鹿児島市立病院で、687の入院患者用ベッドがあります。次が国立の鹿児島医療センター（370床）、南風病院（338床）と続き、100床以上の（社）日本病院会に加入している病院が鹿児島市内に12ヵ所あります。これらの病院は、規模がある程度大きいので（実際は多くの課題があるはずですが）、桜島大噴火時の対応策がすでに院内で検討され実施されるとみなすことにします。ここでは経済的負担などからみて、大きな病院より対応が困難な80床規模の一般的な病院を想定して記述します。

　桜島に噴火警報レベル4の発表があった時から、病院内は大混乱です。看護師の美咲は、警報発表とともに学校から帰宅したはずの中学

生の子供のことや、一緒に暮らす高齢の祖母や電力会社に勤務する夫のことが気がかりでした。すぐにでも家に帰って、噴火対応の準備をしたかったのですが、それはできません。看護師としてとにかく目の前に迫った手術や患者の処置を優先するしかありません。テレビのニュースは、桜島は1週間以内に噴火する可能性が高く、超大型台風が沖縄の南にあるので、噴火があった場合は、鹿児島市内の中心部には50〜100cm以上の軽石が降り積もると言っています。また、噴火開始がさらに迫り危険な状態になったら、一般車両での外出を規制するとも言っています。そうなったら、自家用車で家にも帰れません。

　看護師の美咲は、本心では、「明日以降の病院勤務を休んで、自宅待機したい」と思っていました。恐らく勤務する人の全員がそう思ったでしょうが、だれもそのようなことは一言も口にしませんでした。患者の命を預かっている病院職員として、患者を簡単に見捨てることなどできるはずもありません。家族の命は夫と、中学生になった子供たち自身に任せて、平常通り勤務する決意をしました。

　しかし、とうとう噴火が始まりました。火山灰に覆われて昼間でも暗いなかで、ライトに照らされて窓の外に降り積もる軽石の量を見たとき、美咲は恐怖を感じました。つい1時間前に見たときより10cmも厚く積もっているのです。すでに火山灰の厚さは60cmを超えています。このまま降り積もると、木造の自宅が潰れないかと気になります。また、停電の復旧のため現場に出かけると言っていた夫が、こんなに軽石が厚く降り積もった道路を通って無事に自宅に帰れるか心配です。夫が家に帰れないと、中学生の子供と病弱の母の面倒を見る人がいません。

　このような危機的な状況でしたが、勤務先の病院は、桜島が抱えるリスクの大きさを院長がよく認識していたので、国の大噴火災害病院支援補助事業（このような事業は平成27年7月現在はありません）の適用を受け、早くから井戸を掘り、自家用発電設備を整備し、2ヵ月

間の燃料を備蓄できる自家発電用燃料タンクと、入院患者全員の1ヵ月分の食料や医薬品などを完備していました。したがって、生命の安全という点からは、自宅よりも病院の方が安全でした。

特に、自家用発電設備の燃料の保管や医薬品の備蓄保管については、鹿児島に法律特区が設定されていたのも幸いでした。さらに病院は、このような事態に備え、履帯を装着できるマイクロバスを用意していました。看護師はこのマイクロバスを利用して、自宅と病院を通うことができましたが、自宅が遠い看護師や、自宅に病人や見守りが必要な高齢者がいる人、乳幼児や小学低学年の子供を持つ人など、出勤できない看護師も半数に上りました。

したがって病院としては、半数の看護師で入院患者の看護と、緊急に必要とされる手術やその後の高度な看護処置を行う必要がありました。大噴火が起き、街の電気がストップし、水道もストップした状況でも、病状の進行はストップしてくれません。それどころか1週間も経過すると、火災で火傷した人や、斜面の軽石崩壊で自宅が潰された重傷の患者が、自衛隊の輸送車で運ばれてきます。看護師の数は半分なのに、仕事はこれまで以上に増えてしまいました。とっくに限界を超えています。

結局、入院患者のうち軽症の人や、体力の回復が早かった人には、食事の配膳、簡単な掃除、自動機器による血圧測定など、患者の適性に合わせて、看護師や病院勤務者に代わってしていただくことになりました。もちろん、嫌がる患者にはお願いしませんでしたが、多くの患者が「ここまで協力してくださるのか」と思うほど、病院や他の患者の面倒を見てくれました。美咲は、自分には体験はないけれど、戦後の日本の急激な回復はこのような日本人の優しさも原動力であったに違いないと感じていました。この大噴火災害に襲われた小さな病院のなかでは、「お互いをいたわり優しくする」行動が、多くの人の心を救いました。

また一人の医師が、患者に必要なある医薬品が緊急に必要だとフェイスブック（Facebook）に書き込んだところ、なんと米軍が軍人用の医薬品を、直接病院まで運んできてくれました。米軍はこれを「さくら作戦」と呼んで、次に起きるかもしれない米国の「イエローストーン巨大カルデラ大噴火」を想定した模擬演習という名目で、今回も日本の被災者を助けてくれました。そのような事態を想定していなかった医師が、突然訪問した米軍兵が持参したプレゼントに驚くと同時に、あふれる涙で深い感謝の意を伝えたことは言うまでもありません。

　幸い、今回の降灰範囲は、台風による東風が強かったので、桜島から西側（薩摩半島側）の細長い楕円形の範囲に軽石が降り積もりました。その結果、幅10km程度は降灰が多かったのですが、湾奥の霧島市や姶良市、または南側の指宿市方面は道路の開通が比較的早く、幹線道路に面した施設では10日程度で道路が開通したので、関係機関から多くの支援を受けることができました。また、錦江湾を船が運航して救援物質や降灰を除去する重機や燃料を運べたのも、不幸中の幸いでした。

　ただ、あと3日一般道路の開通が遅れ、食料などの救援物質が病院に届かなければ、患者を含め、病院職員も食事を取れない事態でした。なぜでしょう。1ヵ月分の食料があったのに、10日間で危機的な食料不足が迫ってきたのでしょう。それは、食料を備蓄していない病院周辺の一般家庭から要請があったからでした。水と食料と薬を求めて病院の前に並んだ人で、体力がまだ残っている人には、井戸水を渡すのみで我慢してもらいました。しかし、飢餓に弱い乳児や母乳を与えなければならない母親、病気で体力の維持が必要な老人などの場合は、命を救う役目がある病院として、要請を断ることはできませんでした。

　病院外への食料の配布は、院長の判断でした。この多量の降灰が鹿

児島市内の限られた場所にしか降っていないので、復旧作業が早く進むと的確な判断をしました。しかし、降灰がもっと広範囲に降っていたら、道路の復旧は今回のように10日余りで進むとは考えられません。道路の復旧が遅い場合、院長としては、病院内の患者や職員の命を優先して食料を配布し、病院外の人については病院内に備蓄した食料を配布しないという、いわば当然の判断をしなければなりませんが、それは近所の方々の命をも見放すことになるので、非常に苦しい判断になったことでしょう。各家庭や作業所における食料や飲用水の備蓄は、自己責任で行わなくてはならないという原則が広く知られ、実行される必要があります。

　美咲さんのご主人が帰宅したのは、10日後でした。その間、電力復旧関係者は作業所に寝泊まりし、復旧に当たったそうです。電気はもはや人間や社会の命をつなぐ最重要のインフラです。この重要性をよく知っている電力会社とその復旧作業に当たる企業は、このような事態に備え、十分な備蓄食料と錦江湾の船からの食料と資材の輸送ルートを確保していました。また、50cm以上降り積もった軽石の上を走れる車両（履帯装着可能車両）を多量配置し、履帯走行で停電箇所の点検修理に行ったそうです。

　ここまで「一般家庭の例」「病院などの施設」をフィクションにして記述しました。いずれもハッピーエンドで終わっています。しかし、注意していただきたいのは、飲用水や食料のほか、携帯電話の電池、雑用水、持病の薬、放送局の電波、携帯電話の中継基地、そして自家発電設備と十分な燃料、事前の対策検討がすべて揃っていないと、こうはならないということです。実際には、現時点でほとんどの施設や家庭でその準備はないでしょう。例えば病院は、20日間発電できる自家発電機もなければ、備蓄食料もないという状態が普通でしょう。特に、水、食料、医薬品の不足は深刻です。それがなければ、文

章にもしたくないような悲惨な状況が病院や施設や各家庭に訪れるのです。ここにあげたようなフィクションとは逆のノンフィクションが起きてしまいます。

　なお、本書では「錦江湾の船からの食料輸送ルート」と記載しましたが、大正噴火の記録を残した野添武氏は、著書『桜島爆発の日』(p.201)の中で、軽石が船の航行の障害になった事例を紹介しています。錦江湾東側の垂水市の軽砂〜境方面では、海上に浮かんだ軽石層が薄いところで10cm程度、厚いところで1m以上ありました。和船は航行できず、汽船でも長時間軽石層の海域を航行すると、機関のコンデンサーや冷却水ポンプの中に軽石の細片が侵入して航行不能になった事例があると記載しています。錦江湾の船舶航行も、今後検討の余地がありそうです。

あ と が き

　噴火予知と、防災は実に難しい課題です。前日まで噴火が迫っているという情報はありませんでしたが、突然「噴火警戒レベル4（避難準備）」が桜島に出されました（2015年8月15日午前10時15分）。「桜島が急激に山体膨張するとともに、地震が多発し、有感地震まで起きている」という断片的な警報に危機感を感じました。なぜかと申しますと、大正噴火の際には、桜島で有感地震が感じられてから4～5日後には大噴火が始まっているからです。時期も、鹿児島市の住民にとっては最悪の真夏です。それにもかかわらず、我が家は、まだ噴火対策の準備を行っていませんでした。

　その後、急激な隆起は沈静化し、少なくとも桜島から海を隔てた鹿児島市側に、現時点で甚大な噴火被害が発生する可能性はほぼないことが分かりました。

　「噴火警戒レベル4」が出された当日の桜島住民に対する鹿児島市の避難支援は、周到な計画に沿っておこなわれ順調でしたが、いくつかの課題も浮かび上がりました。その中で気になったのが、「非常持ち出し品」を持って避難した人が少なかった点です。「避難時の非常用品を簡単に持ち出せるように普段からまとめておく」という広報は、桜島島内の住民に現実味をもって伝わってはいませんでした。つまり、最も噴火の危険にさらされる桜島住民でさえ、正常性バイアス（人間が持っている、大変化がない限り安全と見なす本能）に支配されていました。災害時の正常性バイアスは、常につきまとう問題です。桜島と鹿児島市を含むその周辺域のリスクについても、現在はバイアスが掛かっているかもしれません。

　一方、本書に記載した大噴火時の盲点を予見させる事態が、2015年8月に鹿児島県や熊本県を中心に起きました。2015年の台風15号は、

強い勢力で薩摩半島の西方海上を北上した結果、非常に多くの地域で停電が発生しました。台風は、25日の朝には鹿児島県の西を通り過ぎましたが、1日以上経過した26日13時の段階でも、鹿児島県内で7.5万戸が停電したままでした。2日後の27日17時でも2.3万戸が停電状態で、最後の約200戸が復旧したのは4日後の29日の夜10時50分でした。特に、停電率が47％（26日13時）前後だったいちき串木野市や、59％（26日13時）に至ったさつま町では、電気製品や電気を動力とする装置が使用できず、生活と産業に大きな混乱がありました。

　この台風は、電話回線やインターネット回線にも影響を与えましたが、同時に非常時の連絡手段として最も期待される携帯電話網にも影響を与えました。各社の携帯電話は、薩摩半島西側の地域で繋がらなくなる箇所が多発しました。下の図は、台風が通過して<u>1日以上経過した</u>（26日11時）ある携帯電話会社の通信状況です。濃い灰色の地域が不通エリアを示しています。他の携帯電話会社でも同様の事態が発生しました。

　台風通過後でしたが、復旧車両は道路を走れる状態での出来事です。多量の火山灰が降り積もり、復旧車両が道路を走れない場合のことを考えると、極めて深刻な事態が予想されます。大正級の大噴火の

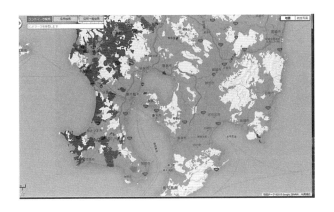

対策に、台風15号で起きた停電や情報網の寸断事例などを活かしていく必要性を改めて感じさせられました。

2011年に発生した東日本大震災は、日本の災害史上でも非常に大きな災害でした。その影響を2015年の今でも引きずっています。特に福島第一原子力発電所の事故は、福島県の人々ならず多くの日本人に多大の影響を与えています。

この大地震の可能性は、鹿児島県いちき串木野市出身の原口強先生（大阪市立大学准教授）によって、大地震の2年前に指摘されていました。宮城県から福島県にかけて分布する津波堆積物の分布から、三陸沖中部に巨大地震が約1000年ごとに発生しているとするものでした（「月刊地球」三一巻四号、海洋出版、2015年）。貞観地震（869年）からすでに1100年以上経過していましたので、この指摘に注目し、巨大地震に対する防災対策がすぐに再検討されていれば違った結果になっていたでしょう。

特に海沿いにある原発では、直ちに安全性について再検討される必要がありました。しかし、巨大なエネルギーの塊である原子炉が津波で電源を失うことがどれほど危険であるか、十分承知していたはずの関係機関は、津波に弱い非常用電源や屋外の燃料タンクを安全な場所に移設する処置を行わず、それらは津波に破壊されてしまいました。潜在的な巨大リスクを有する原発にいくつかの簡単な適正化がなされていれば、あれほどの大事故にならずにすんだ可能性があります。その適正化の負担は、大企業としてはおそらく軽微なものだったでしょう。

一方、賞賛すべき取り組みが明らかになった企業もありました。東北新幹線は、地震時に27本の列車が運行していたにも関わらず犠牲者は0でした。新幹線は、時速200kmを超える速度（宇都宮以北では最高速度260km）で運行しています。緊急停止のブレーキを踏んでも、停止するまで1分半かかります。阪神・淡路大震災でその危険を

知ったJRは、震災後、遠方で発生した地震をいち早く感知し、すぐにブレーキを利かせるシステムを作りあげました。東日本大震災では、最大の揺れがあった仙台駅周辺を走っていた列車が非常ブレーキを掛けた9～12秒後に、最初の揺れが始まったといいます。1分10秒後には最大の揺れが襲いましたが、その時点では列車スピードもかなり低下していたでしょう。安全が確保されたのは、阪神・淡路大震災の教訓を活かし、耐震強度を高め、ソフト対策も改善していたためでした。

　東京電力とJR東日本の違いは、前者が事実上の独占企業であり、後者が飛行機やバス、あるいは高速道路を走る自家用車との競争関係があり独占企業ではないこと、そして組織の空気の違いだと考えられます。お客にサービスを提供する上で、競争相手がいない組織は、組織内の居心地の良さを優先させやすいと、堺屋太一氏（組織の盛衰、PHP文庫、1996年）は述べています。
　1961年、伊勢湾台風の大災害を受けて、災害対策基本法が制定されました。その第一条に、次のように書かれています。

　　　　国土並びに国民の生命、身体及び財産を災害から保護するため、（中略）総合的かつ計画的な防災行政の整備及び推進を図り、もって社会の秩序の維持と公共の福祉の確保に資することを目的とする。

　現在、桜島大噴火が起きることに専門家の異論はなく、かつ、約2割とはいえ鹿児島市内側に多量の降灰があることも想定されています。その場合の被害は、政府が警戒している「首都直下型地震」や「南海トラフ巨大地震対策」で予想される死者数をも上回る可能性があります。この2つの地震に対しては、災害対策基本法に沿って、国

や地方自治体が被害を軽減する対策や、災害時を想定した訓練を、多額の予算を投入して周到に実施しています。ところが、桜島大噴火災害に対する対策は、桜島住民の避難などに限定され、鹿児島市内側に多量の降灰があった場合の対処法はほとんど検討されていません。都市近郊での大噴火災害は、この1世紀の間に世界が経験したどの災害とも異なるタイプの災害です。経験が通じない多様なリスクと100年以内（2020〜2030年に噴火する可能性も考えられる）の噴火が確実視される中で、福島第一原発のような初歩的な危機管理ミスを繰り返すわけにはいきません。

　本著の原稿は、岩松暉先生（鹿児島大学名誉教授）が指摘された「夏場に桜島の大噴火が起きて鹿児島市内側に多量の火山灰が降る可能性があります。その時どうするんですか？」との講演を受けて作成したものです。先生は、中央防災会議（会長は内閣総理大臣）が出した「1914　桜島噴火報告書」でも、主査としてその危険性を指摘しました。報告書には、東風の場合には鹿児島市街地に1ｍ程度の降灰があり、国・県・市などの防災機能の中枢が機能しない恐れが強いことと、国家的な対策の必要性が書かれています。

　一方、県・鹿児島市・関係自治体・関係防災機関が共同で発刊した「桜島大正噴火100周年記念誌」では、「夏期など東寄りの風が吹いているとき大規模噴火が発生すれば、鹿児島市など薩摩半島側では多量の降灰を覚悟しなければなりません」（p.147）としています。そして、「大噴火に数か月から数年先立つ姶良カルデラから桜島へのマグマの移動が確認された時点からは、火山情報の発表の仕方、県民・市民への周知方法、避難体制などについて具体的で実践的な検討を行うことが大切と考えられます」（p.157）と記載されています。すでに公的な機関の資料にも、鹿児島市街地に多量の降灰があった場合の危機について記載されています。

　ところが、対策は遅々として進まない感があります。マグマの移動

を確認してから本格的に動き出すとしても、鹿児島市に多量降灰があった時の鹿児島市全域の避難対策・周知徹底は、とても数ヵ月でできるものではありません。多種多様な産業が関係し、非常に多くの人が住んでいる地域で、スムーズに避難ないし安全を確保できる方法を確立するだけでも相当な期間を要します。さらに、避難指示が出されても簡単には市外に避難できない方々、医師・看護師・要介護施設関係者・畜産・養鶏農家・災害復旧関係者など、非常に多くの方々がおられます。また、砂防ダムや道路・電力網の改善などハードの改善を含めるとさらに多くの時間が必要です。姶良カルデラから桜島への顕著なマグマの移動を待つことなく、本格的な対策を練る必要があるでしょう。本書は、「今後の研究や対策のきっかけになってほしい」との思いで出版しました。最悪の事態でも、できるだけ多くの方々が大噴火災害を乗り越えることができることを願っています。

　本著の原稿は、松元泰則氏の快諾をいただき書き下ろすことができました。また、原稿を読んでいただきご指導をいただいた岩松先生（鹿児島大学名誉教授、専門分野：応用地質）と火山関係の先生方に感謝申し上げます。また、噴火危機についての取材に際し、多くの機関のご担当者が丁寧に答えてくださいました。その結果、鹿児島市や桜島周辺地域が置かれている危機が明らかになり、本著を出版することに致しました。取材にご協力くださった大学関係者をはじめ、鹿児島県・鹿児島市・気象台・九州電力・情報関係各社・社会基盤を支える各協会、そして鹿児島県技術士会の先生方など、多くの方々に心より感謝申し上げます。

著者　三田　和朗

主な参考資料

中央防災会議災害教訓の継承に関する専門委員会：1914桜島噴火報告書　2011

国土交通省液状化検討会議：「液状化対策技術検討会議」検討結果、2011.8.31　p.15

井口正人他：火山弾の飛跡の解析　京都防災研究所年報　第26号 B-1　1983

都市における火山灰災害の社会的影響に関するシンポジウム　2003

広井脩：災害と人間行動35 火山と人（下）月刊消防1988年11月　p.131

井口正人：地球物理的観測により明らかになった桜島火山の構造とその構造探査の意義　2007　物理探査　第60巻第2号　p.145-154

石川秀雄：桜島-噴火と災害の歴史　共立出版㈱　1992

鹿児島新聞記者十余名共賛：桜島大爆発記　南日本新聞開発センター　復刻版　2014

橋村健一：桜島大噴火　春苑堂出版　1994

春山元寿　下川悦郎：姶良カルデラ及びその周辺地区における土砂災害の概要

下川悦郎　春山元寿　伊達木仁一郎　藤幸男：降下軽石と火山灰土でおおわれた堆積岩地域の山地崩壊　鹿児島大学農学部演習林報告　1978　p.63-93

高橋保：土石流の機構と対策　近未来社　2004　p.27

小林哲夫　岩松暉　露木利貞：姶良カルデラ壁の火山地質と山くずれ災害　鹿児島大学理学部紀要. 地学・生物学　1977　10　53-73

原口強　石辺岳男：津波堆積物・隆起イベント層から推定される三陸沖中部の巨大地震モデル　『月刊地球』31巻4号　海洋出版　2009. 4

今野修平：東日本大震災が残した課題と教訓

CHRISTOPHER G. NEWHALL RAYMOND S. PUNON-GAYANN：FIRE and MUD Eruptions and Lahars of Mount Pinatubo,Phirippines 1996　p.53
野添武志：桜島爆発の日　南日本新聞開発センター　1980
火山防災マップ作成指針　内閣府（防災担当）、消防庁、国土交通省水管理・国土保全局砂防部、気象庁
町田洋　新井房夫：新編火山灰アトラス　1992　p.155-156
横浜市防災計画　2014
富士山ハザードマップ検討委員会　報告書要旨　2004.6
内閣府防止担当「広域的な火山防災対策に係る検討会」（第3回）資料　多量降灰への対策　2004
富士山ハザードマップ検討委員会　第4回活用部会　議事資料　2002
災害に係る住家の被害認定基準運用指針　内閣府（防災担当）　2012
柳川喜郎：（復刻）桜島噴火記　南方新社　2014
石弘之：歴史を変えた火山噴火　刀水書房　2012
信濃毎日新聞社：検証　御嶽山噴火　信濃毎日新聞社　2015
橋村健一：安永櫻島燃　かわち印刷　2015
前田修平他：将来気候における季節進行の変化予測（偏西風変化の観点から）
　　　　　日本上空の偏西風の季節変化　気象庁　地球環境・海洋部　気候情報課
小屋口剛博他：火山噴火のダイナミクス　ながれ30　2011　p.317-324
電力中央研究所報告：降下火山灰の体系的リスク評価に向けて-留意点と課題-　報告書 No9031　2010
小林哲夫：火山体形成期に噴出したテフラの特徴　火山 vol34　1989

三田和朗（みたかずろう）

鹿児島県南さつま市生まれ（1954年）
鹿児島大学理学部地学科卒
技術士（応用理学部門　総合技術監理部門）
　技術士の説明：「科学技術に関する高等の専門的応用能力を必要とする事項についての計画、研究、設計、分析、試験、評価又はこれらに関する指導の業務を行う者」…技術士法

専門分野

- 高耐久性斜面構造物の研究・開発
- 斜面防災地質の研究・解析
- 斜面防災対策工の計画設計
- 発明奨励賞 社団法人発明協会・技術賞 土木学会西部支部・支部賞 地すべり学会九州支部

著作・執筆

- 斜面地質学 1999年 日本応用地質学会（WGとして共同執筆）
- 新聞の実態と改革への期待 2011年 髙城書房（学術コンテンツ登録：国立情報学研究所）

所属学会

日本応用地質学会　地盤工学会　日本自然災害学会　日本地すべり学会

大噴火に備えよ！
──桜島に近い現代都市の危機──

2015年12月25日　第1刷発行

著　者　三　田　和　朗
発行者　寺　尾　政　一　郎
発行所　㈱髙城書房
　　　〒891-0111 鹿児島市小原町32−13
　　　電話　099−260−0554
　　　HP　http://www.takisyobou.co.jp
　　　振替　02020−0−30929

印　刷
製　本　大同印刷株式会社

©KAZUROU MITA 2015 Printed in Japan
落丁本・乱丁本はお取り替えいたします。
ISBN978-4-88777-158-1 C0044